产品设计创意表达丛书

产品设计创意表达·速写

胡锦 主编

胡锦 姚子颖 编著

机械工业出版社
CHINA MACHINE PRESS

设计速写能够记录和描述设计构思，激发和表达设计创意，因此，在设计类专业中一直是一种不可或缺的专业技能。

本书按照循序渐进的原则，从基本概念分析开始，分别讲述了线描速写、素描速写、色彩速写和设计表现四个表现层次，从形式到功能，由浅入深地介绍了设计速写的基本技巧和表现方法，并结合设计流程介绍了设计速写在设计实践中的意义和具体应用；最后，在设计速写作品赏析中选取了一些具有代表性的设计师和学生的优秀作品供读者参考和学习。

本书可作为高等院校工业设计及艺术设计专业课程的教材，也可作为从事设计相关专业人员的参考书。

图书在版编目（CIP）数据

产品设计创意表达·速写/胡锦主编. —北京：机械工业出版社，2012.9（2017.8 重印）
（产品设计创意表达丛书）
ISBN 978-7-111-39533-1

Ⅰ.①产… Ⅱ.①胡… Ⅲ.①产品设计—速写技法
Ⅳ.①TB472②J214

中国版本图书馆CIP数据核字（2012）第198307号

机械工业出版社（北京市百万庄大街22号　邮政编码100037）
策划编辑：冯春生　责任编辑：冯春生　韩旭东
版式设计：姜　婷　责任校对：常天培
责任印制：李　飞
北京新华印刷有限公司印刷
2017年8月第1版第3次印刷
210mm×285mm·9印张·266千字

标准书号：ISBN 978-7-111-39533-1
定价：39.80 元

凡购本书，如有缺页、倒页、脱页，由本社发行部调换

电话服务	网络服务
社服务中心：（010）88361066	教材网：http://www.cmpedu.com
销售一部：（010）68326294	机工官网：http://www.cmpbook.com
销售二部：（010）88379649	机工官博：http://weibo.com/cmp1952
读者购书热线：（010）88379203	**封面无防伪标均为盗版**

序

产品设计的过程是设计师对产品形态进行持续深入的探索过程。无论是设计师最初笔下快速简捷的构思速写和草图，还是计算机中精确建模的数字模型及动画，抑或是更为直观的实物模型和样机，这些都是设计师为了更好、更有效地寻求设计创意而常用的形态创意表达方法和手段。事实上，当设计师在白纸上画第一根线条时，其对产品形态的探索之路就已经开始。

设计实践告诉人们，设计师在探索产品创意的过程中会经历一个由浅入深、由表及里和由简单到复杂的渐进过程。对应不同设计阶段中对产品形态创意探求的需要，设计师会运用不同的创意表达方法和手段，使头脑中的设计构想逐步地清晰和完善起来。产品的形状是什么，产品的机能与结构是否匹配，色彩和材质如何处理，形态的风格和特征是否适合用户等，所有这些问题都会随着创意表达的深入展开而逐渐得到明晰的解答。总之，产品设计创意表达的过程是设计师寻求好的设计创意的必然途径，是演绎设计理念、进行设计交流的重要工具和手段。

从20世纪80年代起，我国开始了现代设计教育的探索。30年来，随着社会设计观念的转变和各级政府及教育部门的大力支持，我国的设计教育事业取得了令人振奋的快速发展。设计教育体制和设计理论体系不断完善，教学方法和手段不断创新，教学水平不断提升，为振兴我国设计产业，实现“把我国建成为创新型国家”的战略目标培养了大批优质的设计创新型人才。同样可喜的是，许多长期工作在设计教育第一线的教师，本着对设计教育的执着与热爱，以及在对设计理论艰苦求索和实践经验积累的基础上，编写和出版了一批批起点高、视角新、实践性强的设计类教材。今天，与广大读者见面的这套“产品设计创意表达丛书”就属于这一类教材。

“产品设计创意表达丛书”由《产品设计创意表达•速写》、《产品设计创意表达•草图》、《产品设计创意表达•CorelDRAW & Photoshop》、《产品设计创意表达•SolidWorks》和《产品设计创意表达•模型》组成。该丛书内容基本上涵盖了整个产品设计创意阶段所涉及的创意表达方法与技巧，以满足产品设计教学中培养学生不同设计创意表达方法和技巧的需要，使读者在学习设计创意表达技能的过程中，能得到更加系统完整的理论与方法的指导。该丛书的作者都是设计院校内长期担任这些课程教学的教师，他们从课堂教学的实际出发，针对产品设计创意各阶段中的实际需要，结合当今计算机技术飞速发展的时代特点，在各自长期积累的教学经验基础上，融合了各类设计创意表达方法中最新的内容和研究成果，对整个设计创意表达的理论与方法进行了系统的优化与整合，使这套教材在内容和指导方法上形成了应用性、针对性强，时代性鲜明，学生易于学习、易于掌握等特点。随着技术的发展，虚拟现实、互动媒体等形式逐步成为产品设计创意表达的重要手段，但手绘草图、三维建模及渲染、实物模型等依然是设计创意表达的基本功，具有不可替代的作用。

真切地希望这套丛书能为我国设计界的广大学生、教师带来新的启示和帮助。

是为序。

教育部高等学校工业设计专业教学指导分委员会主任委员
中国工业设计协会教育委员会主任委员
中国机械工业教育协会工业设计学科教学委员会主任委员
湖南大学设计艺术学院院长

何人可　教授

前言

中国是一个制造业大国，要提升制造业的水平，从“制造业大国”走向“设计大国”，走产品自主研发的道路，工业设计是必经之路。作为一门专业，工业设计自有其核心技能和知识，设计速写就是其中之一。工业革命爆发后，手工制作逐步被工业化、批量化生产所取代，设计逐渐从生产环节中分离出来而成为独立的活动。相应地，设计速写作为设计表达的重要手段，也由最初单纯的设计表达工具，逐步进化成一种集设计表达、信息承载、交流沟通等多种用途为一体的现代设计工具。在一系列的创造性活动中，从设计策划到概念设计，从发散思维到设计实现，从交流评估到信息反馈，设计速写的作用始终贯穿设计实践活动的整个流程，扮演着极其重要的角色。

学习和掌握设计速写这一专业基本技能，是设计专业尤其是工业设计专业学生学习的重点之一。纵观我国工业设计本科教育的现状，发现我国的工业设计专业按照专业背景主要可分成艺术类和理工类两种。艺术类的学生通常具有较好的绘画基础和手绘功底，设计表达能力突出；理工类学生的情况则有所不同，虽然有着良好的工程科学背景，但手绘能力却成为瓶颈，不少学生因此而对本专业失去信心。因此，帮助理工类学生改善和提高设计表达能力，不仅是工业设计的教学课题，更是重建学生对专业学习的热情和信心的重要手段之一。

本书针对理工类本科生绘画表现基础薄弱的特点，用循序渐进的教学方式，由表及里地引导学生在较短的时间之内掌握设计速写技能，为后续的设计专业课程奠定良好的基础。全书主要分成两大部分，前四章为设计速写的基础论述、训练方法，设计速写的不同类型，包括线描速写、素描速写和色彩速写的特征和技巧；后两章是设计速写在设计实践环节中的分类和综合性的运用，结合范例由浅入深地引导学生掌握表达技巧。

本书在编写过程中，得到了许多设计界人士和东华大学机械工程学院产品设计系师生的大力支持，书中部分速写草图范例引用了陈晴、冯沁、郝辰、凌于洲等同学的习作和设计草图，另有部分图例引用了专业设计师丁伟、陈嘉林、张帅、单荃等人的作品，在此对他们的鼓励帮助和热情投入表示由衷的感谢。

囿于编者学识和水平，虽经几轮修改，仍难免存有不足之处，恳请专家同行和广大读者批评指正。

编者

目录

X

第一章　绪论

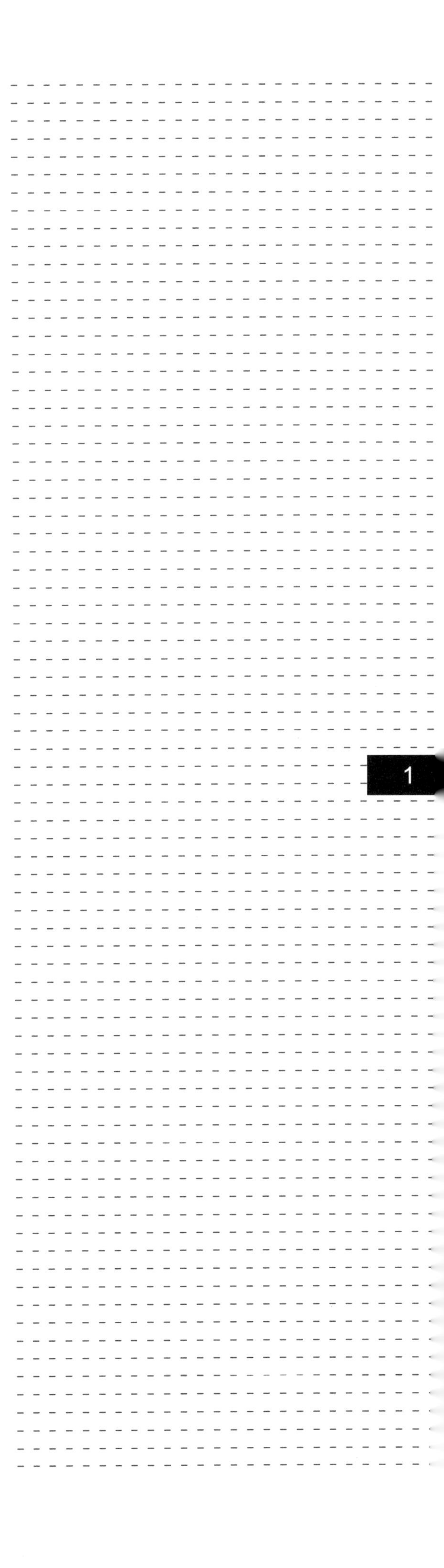

第一节　设计速写的作用

理论上说，任何一个经过认真思考去解决问题的人，都可以认为是一个设计师，但如果这个人不能把他的想法转变成别人能够理解的形式，就不会产生任何结果。

实际上，客户常常对怎样的产品能适应市场也有自己的想法，但是他们不能够把自己的想法变成明确的形态。比如，设计师与客户面对面直接交谈时，设计师一边谈，一边随手在纸上画出设计草图，“是不是这样？”“这样改行吗？”很快，客户的想法通过设计师的手表现出来了。在这种情况下，客户虽然也具有一定的设计能力，只是他无法把自己的想法以图面表现的方式传达出来。不同产品的复杂性不同，通过图面进行沟通交流的要求也不一样，但可以看到，能够对设计做出恰当评价的人很多，能够想出好主意的人也很多，但只有设计师可以通过画面把设计的过程和细节完整地呈现出来，并继续推进和加以深入。设计速写是设计师这种职业的独特能力中的一种，但恰恰因为具有这样的一些能力，设计师才能成为专门的职业。

设计速写作为设计表达的一种语言，不仅仅是通常意义上的绘画，它有三个不同层面的功能。

1. 作为和外部沟通的工具

设计师需要通过设计速写准确地表达关键的设计信息，准确无误地和外部世界进行交流和沟通，让其他人包括客户和同事了解自己的设计意图。无论是在设计还没有确定方向的情况下，还是设计的中间阶段都需要和很多相关人员沟通，图的表达方式是文字说明和口头语言所不能取代的。

2. 作为设计构思的工具

设计速写是一种言简意赅，具有快速响应特点的语言工具，因此能帮助设计师抓住设计过程中瞬息万变的创意和灵感，并进行演化和深入地挖掘。

设计就是要解决和平衡各种问题，所以在设计过程中有很多限制条件要克服。设计师最主要的工作就是反复构思并创造不同的方案，这些方案需要通过设计速写进行反复推敲和推进。设计速写表示的是一个思考进程，从形态的演化到细节的构造，都需要在纸面上表示出来。设计的形式感觉需要通过有效的表现才能够让设计师形成清晰的判断，所以设计速写是帮助设计师完成构思和创意活动的最重要手段之一，而效果图是在这些过程完成以后对最后结果的确认和展现。

3. 作为提高设计师修养的手段

设计速写能够很好地提升设计师的观察能力、形体塑造能力和设计表现能力。从某种意义上说，培养设计速写的能力不是简单地学会画一样东西，而是通过这种训练，让设计师成为一个训练有素、懂得工作方法的人，在整体和局部的关系处理中明察秋毫的人。因此，设计师常常将设计速写作为一种提高自己设计能力和自身修养的工具，而旁观者往往将设计速写的水平和设计能力等同看待。

设计速写在这三个层面的作用，很难说哪个层面的功能最重要，在设计过程中，这三者都能得以充分体现。但设计速写毕竟只是设计的一种工具，只有在充分表现了有价值的设计想法后，它才有价值。因此，有时设计师不会过多地考虑修饰自己的设计表现，而是将精力放在对设计方案的探索上，从这个意义上说，作为交流用的设计草图，只要能将设计意图表达清楚就可以了。当然，流畅的线条、和谐的色彩、绚丽的设计草图能提升设计师的自信心和职业感，增强说服力。

第二节 设计速写的类型

设计速写从表现形式上可分为线描速写、素描速写及色彩速写（图1-1~图1-3）。从本质上说，这三者之间是一种递进的关系，从线的描绘开始到色彩表达结束，从易到难，有序地推进。因此，本书的讲授过程基本上也是遵循着这样一条路线。

从功能角度区分，设计速写又可大致分为概念性速写和结构性速写两种表达方式。概念性速写表达的多是思考性质的，一般较潦草，多为记录设计的灵感与原始创意的，往往随手拈来，随心所欲，只追求画面的大效果，绘画基本以线条为主，多强调某些轮廓线，有时也附以简单的色彩，经常会加入一些说明性的语言和一些提示性的箭头，甚至还会运用一些卡通式的人物语言显示该产品的使用方式（图1-4）。相比之下，结构性速写则显得严谨得多，大多表达作品各部分的内外部关系，要求设计者思路清晰，了解产品的特征、结构和组合方式，这往往不是一个初入门者能掌控的（图1-5~图1-7）。概念性速写多用于设计的早期方案构思阶段，而结构性速写基本上已处于设计的收尾阶段。特别需要指出的是这些类型之间的差别有时并不十分明显，互相之间的转换也是经常发生的。

图 1-1　线描速写

以线的描绘为主，工具简单，一张纸、一支笔而已，携带方便，形式简练。

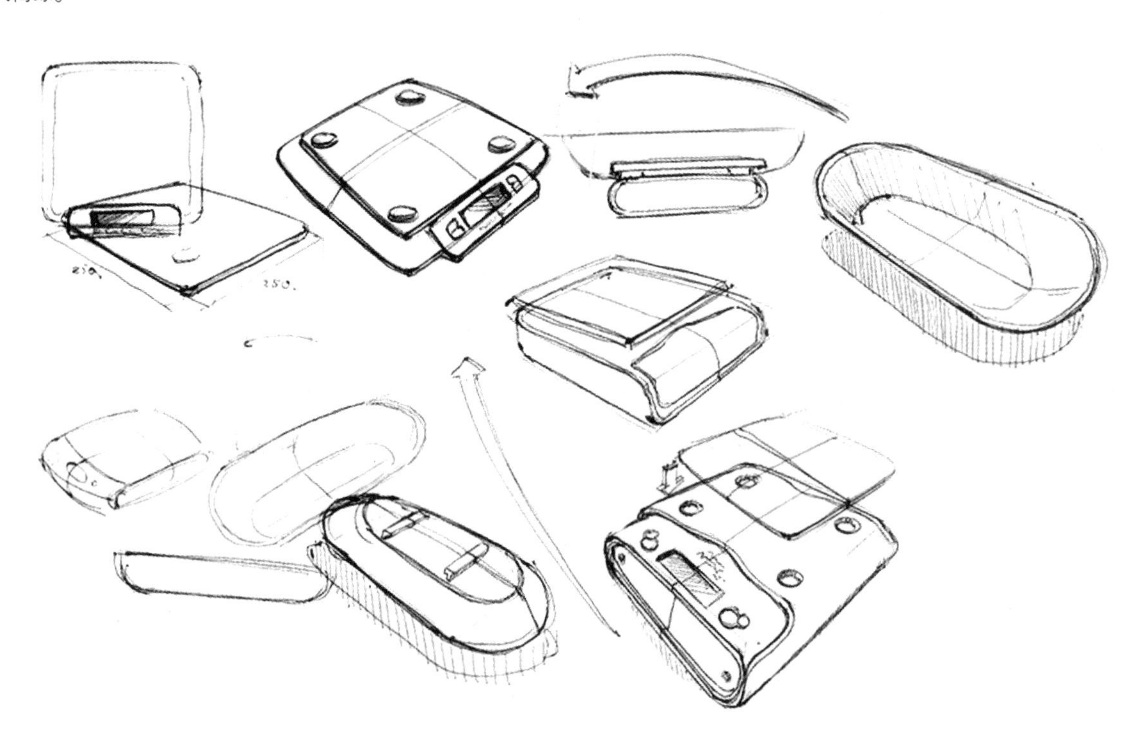

图 1-2　素描速写

在线描的基础上施加明暗，明暗的层次和深度视需求和个人的爱好而定，可繁复亦可简洁，显得非常轻松自如。

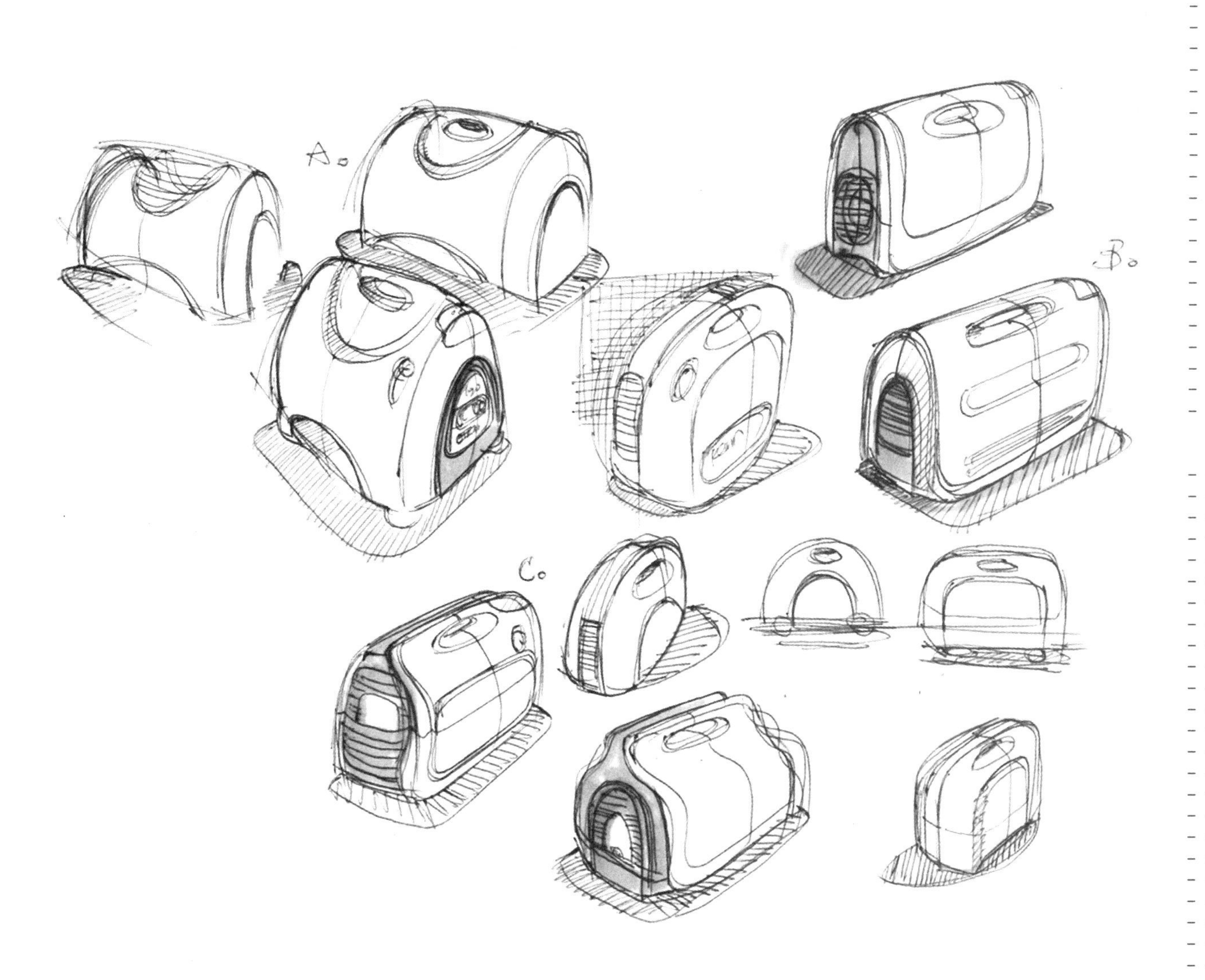

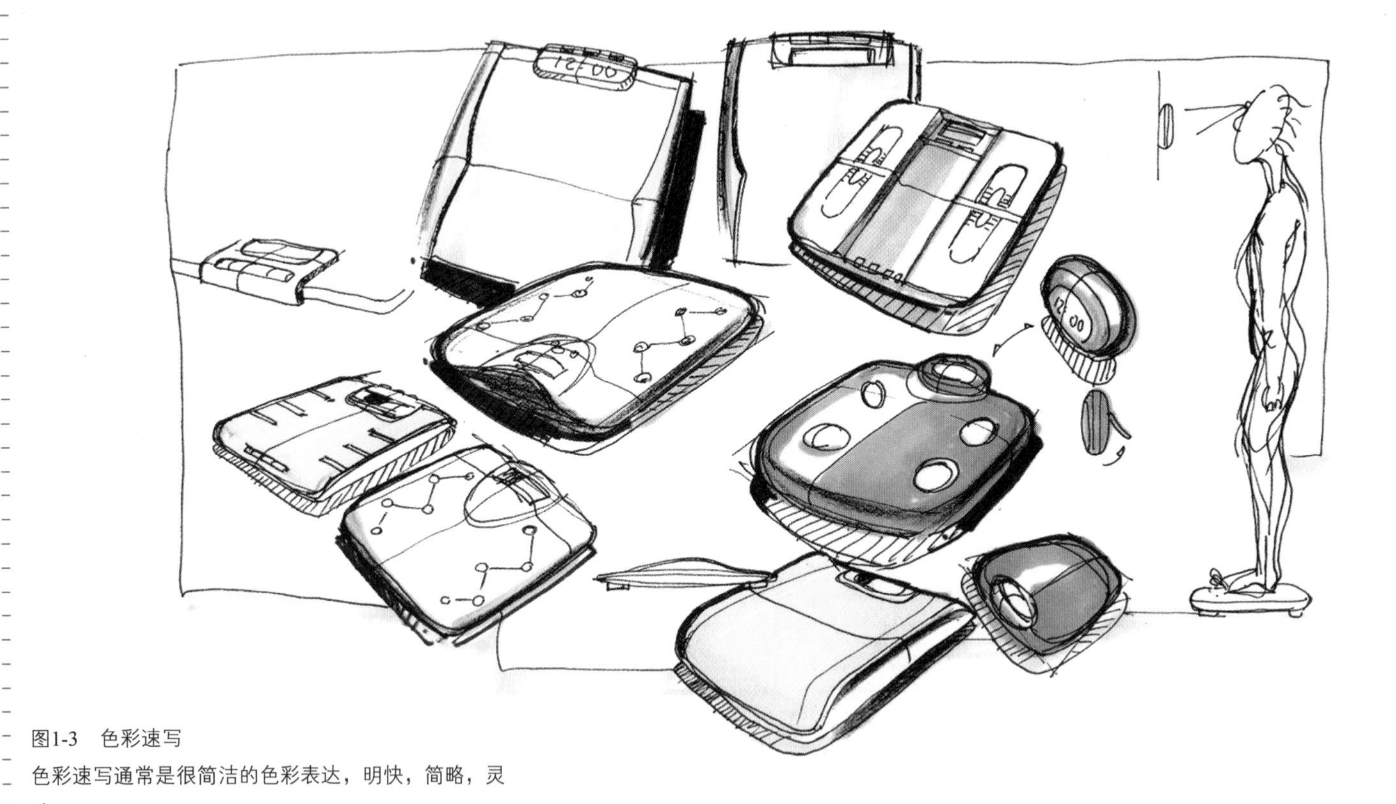

图1-3　色彩速写

色彩速写通常是很简洁的色彩表达，明快，简略，灵动。

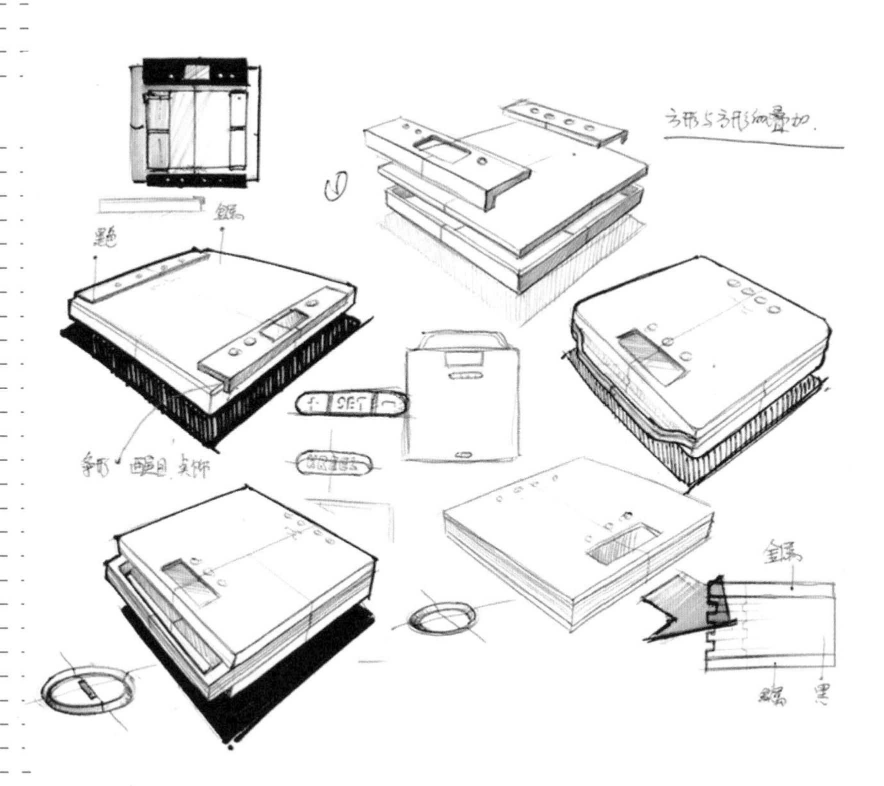

图 1-4　概念性速写

有时看起来很潦草的东西却包含着很多瞬间的灵感，而概念性速写的创作弹性很大,是记录设计灵感的较好手段。在运用概念性速写时，必须充分发挥其特点，以相对轻松的心态展开设计，尽可能利用它创作大量的设计方案，使其成为一种激发创新的工具。

手提式吸尘器原型

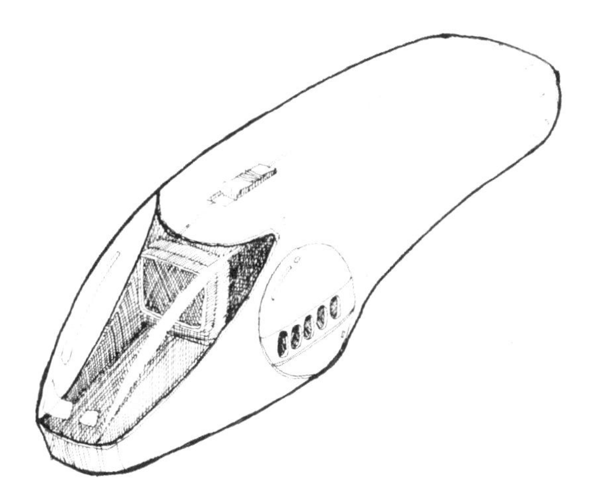

图 1-5　结构性速写（一）

结构性速写是将产品零、部件拆卸开来，并将分离的零件按装拆顺序排列在相应的轴线位置上。这是一种解析产品结构的直观方法，业内又称这类结构性速写为“爆炸图”。这种方法对设计师产品结构的理解能力要求比较高，但设计师可以通过这种形式了解和推敲该产品的内部构成，了解产品的外部形态和内部结构之间的相互关系，一目了然地读懂这个产品。

手提式吸尘器的解构

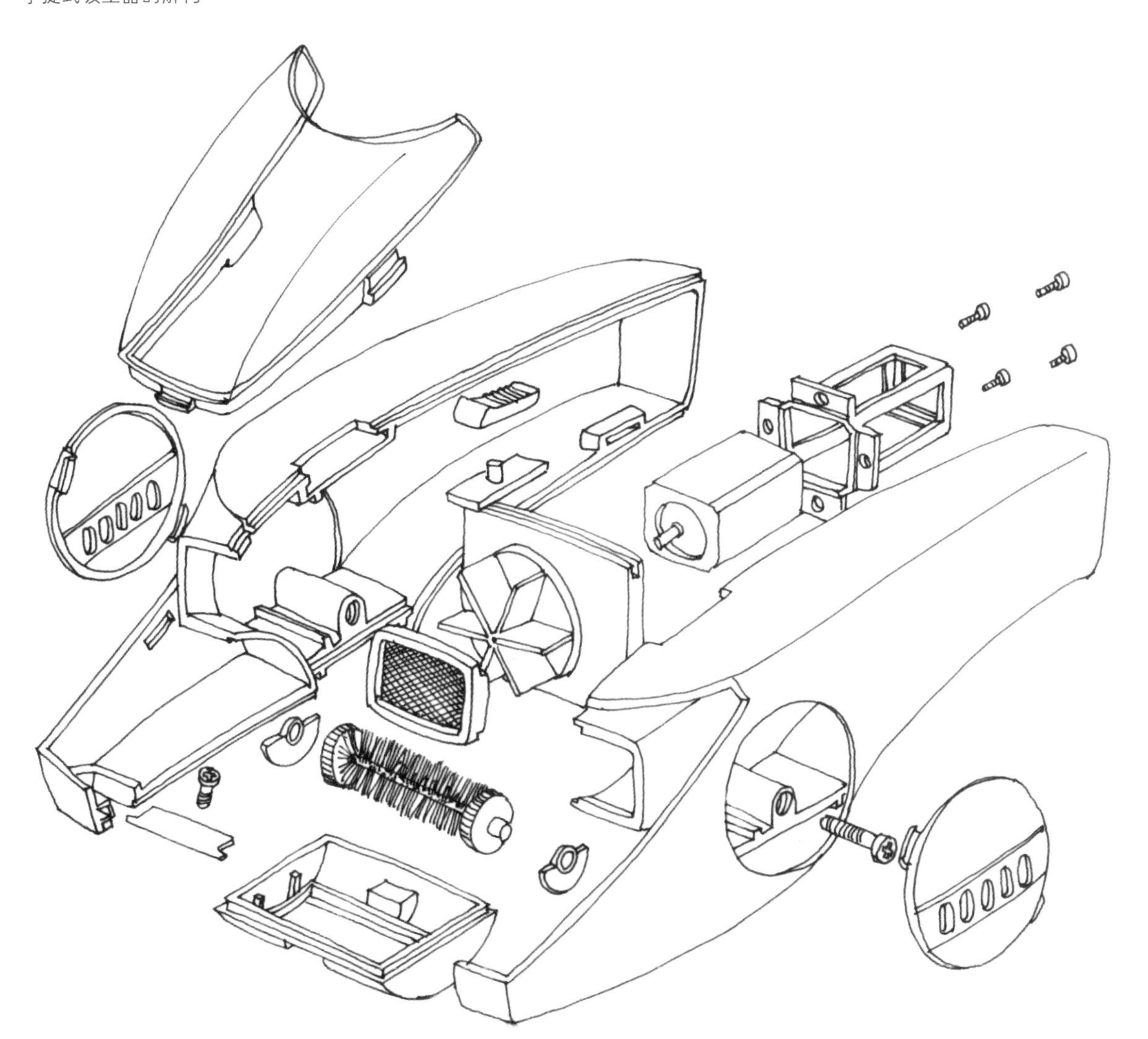

图 1-6　结构性速写（二）

椅子的透视图和椅子局部材料之间的关系图直观地表达了形体之间的相互作用。

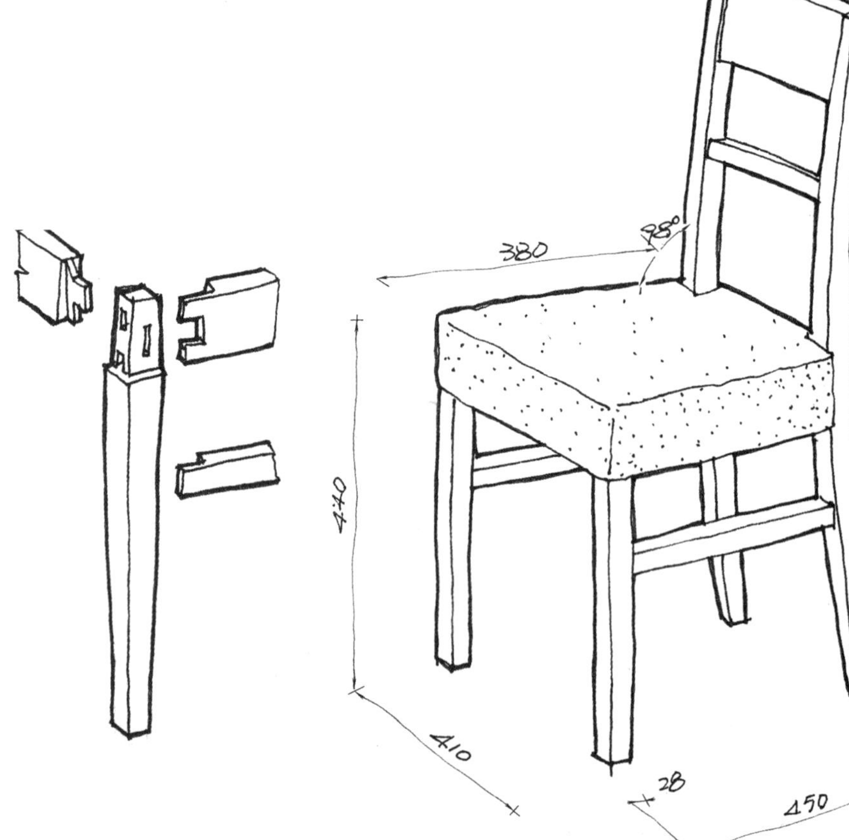

图 1-7　结构性速写（三）

这是一种从工程角度考虑的结构性速写，工程师彼此之间经常用这种手绘的正投影图进行设计交流。正投影图的优点在于具备尺度概念，而工程师受过足够的训练，他们能够将这类图形在头脑中翻译成对应的三维图形。这种结构性速写方法也需要设计师掌握，可以迅速方便地和工程师进行沟通。图为一手提电话机的充电座。

充电座透视图

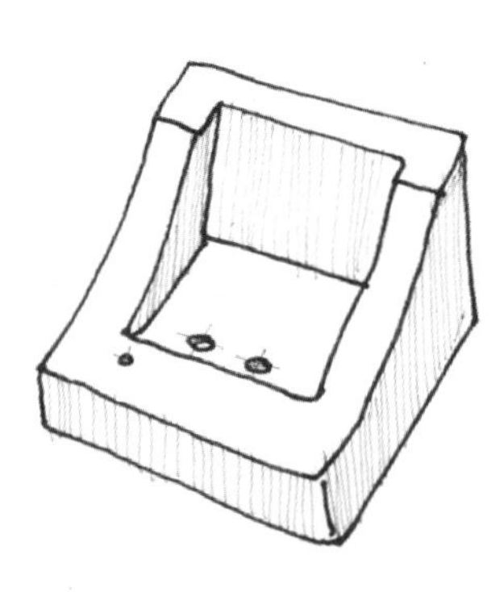

充电座俯视图

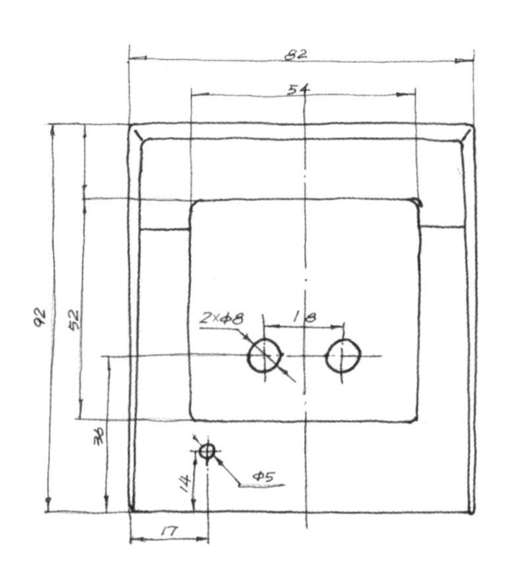

充电座侧视图（剖视图）

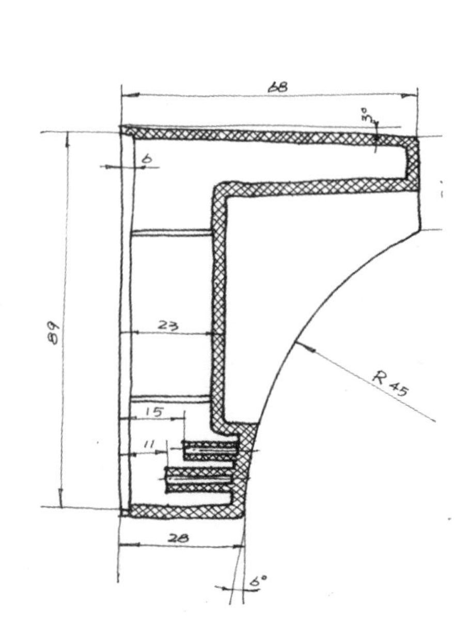

第三节 学习设计速写的方法

设计速写是一种视觉形式，而视觉形式又是创造性思维的主要媒介和语言。设计师分析和解决问题时，通过手的描绘将头脑中的想法记录在纸上，而描绘在纸上的形象又通过眼睛的观察被反馈到大脑，并刺激大脑作进一步的思考、判断和综合，如此循环往复。因此可以认为画草图其实就是一种发现行为。“画草图”这种形象化的思考方式，是对视觉思维能力和绘画表达能力的综合考量。所以，对设计速写的学习和训练是培养学生形象化思考、设计分析及创新思维能力的有效方法和途径。

总结长期以来的经验，对设计速写的学习提供如下经验以供参考。

1. 循序渐进

学习一种设计表达语言，需要投入大量的时间和精力，不能急于求成，而且还要掌握一定的学习方法，比如培养自己积极的动手能力。学习设计速写既要学习一定的理论，如透视学、色彩学等，又要通过大量的实践去体会和理解，理论和实践是紧密结合的，是一种相辅相成、相互推动的学习研究过程。

好的学习方式应该是一个愉快的、良性互动的学习过程，学习者可以在这样的一个学习过程中充分享受到绘画的快乐。因此，对设计速写的学习应遵循一条递进的学习之路，即从易到难，从简单到复杂，从线条的研究到色彩的表达。

2. 持之以恒

学习是一个持之以恒的过程，不能急于求成，也不能轻言放弃。学习者在安排学习计划时，要有数量上的目标，舍得下工夫，定时定量地完成规定的习作。

采取集中学习和平时积累相结合的学习方式。所谓集中学习，就是在一些专业课程的学习中突击式地提高速写能力和水平，但是，集中学习的时间总是相对有限度的，往往不足以真正解决问题，因此还应该利用空余时间，在点滴的时间内都愉快地画上几笔。设计速写的好处就在于可以随时拿起一张纸、一支笔就地练习。只要有信心和毅力，并掌握正确的学习和工作方法，持之以恒，长期积累，总有一天会在设计表现上达到“意到笔到，得心应手”的境界。

3. 触类旁通

设计是一种文化，因此，要想了解和掌握设计，首先要融入这种设计氛围之中。设计师除了从本专业的学习中提高设计的水平外，还应该从纯艺术（各种绘画艺术）、设计艺术（环境设计、建筑设计）等多方面汲取艺术养料，从理论到实践多方面提升个人的设计素养和水平。

设计速写追求表现的快速和传神，用笔用色都讲究简略，其线条、形态和色彩都是在一定的抽象提炼基础上形成的。但初学者往往看不到这一点，他们只看到一些表面上的东西，只是简单地模仿线条和色彩，这就是为什么初学者可以很逼真地临摹一幅复杂的作品，却表达不出内容和形式相对简单得多的构思作品的原因。

了解和学习其他的绘画和设计作品，往往可以帮助初学者理解其本质上的东西。例如，深入地学习和研究光影形成的原理和由此产生的色彩关系，如果真能理解透了，那么使用何种绘画工具、颜料和表现方式，从某种意义上说，都不重要了，因为任何工具、颜料和表现形式都可以表现物体的光影和色彩。源于理解，设计师拿起手头的任一件工具，都可以随心所欲地将所想要的创意和构思表达出来，因为其无非就是画，而画理是相通的，画什么其实并不重要。好的作品具备和体现了整体统一、对比协调、节奏秩序等艺术和绘画的一切要素，因此，阅读好的作品，学习不同题材的作品对一个初学者，乃至一个设计师而言都是至关重要的。

图1-8~图1-10是几张空间和建筑的速写写生，供读者参考学习。

图 1-8　老厨房写生

一个过渡时期的老厨房，让绘画者表现得有声有色，画味十足，记录了我们曾经的历史，轻松的笔调和拥挤的构图形成了鲜明的对比。设计速写的题材处处可见，皆可成画，不缺题材，而只缺观察力。

图 1-9　空间速写

环境设计和产品设计有许多共同之处，尤其在表现形式上可以相互比较、相互参照。从绘画的角度而言，环境设计的内容多，形态和色彩关系复杂，难度明显要大一些，学一些环境设计的速写，对提高对形式和色彩的把握能力有相当的好处。上图是使用彩色铅笔和记号笔画的室内休憩空间；下图是用记号笔画的餐饮空间。

图 1-10　建筑速写

建筑风景具有相当的复杂性，需要绘画者具有高度的概括能力，提炼线条和明暗，在统一性和对比度上下工夫，这是一种相当能够锻炼人的题材。上图是描绘一个建筑空间的片段和局部；下图是用非常简洁的手法表达一座廊桥和周边的环境。

第四节　设计速写的工具

“工欲善其事，必先利其器”。设计师动手绘制草图之前，必须先选择合适的绘画工具和材料。因为，不同的绘画工具和材料可以决定最终图面的不同视觉表现特征。每种绘画工具和材料都有自己的特点和优势，对设计师而言，掌握各种绘画工具和材料的特性，并以此为依据再根据实际需要做出合理的选择是设计师们的基本职业素养之一。在此基础上，充分挖掘绘画工具和材料的潜能并将之应用和展现到实际设计中去，是设计师在设计实践活动中通过不断摸索和不断积累而慢慢养成的职业技能。

虽然不断探索和细心揣摩绘画工具和材料的奥秘是成为优秀设计师的必要条件之一，但是设计师们不应过分迷信绘画工具和材料的效果甚至被之束缚，一味追求图面效果却忽视设计的本质是不可取的。绘画工具和材料应为我所用，只有合理选择、合理应用绘画工具和材料，设计师们才能创作出一流水准的设计作品。

1. 笔的特性和选择

笔是供书写或绘画用的工具。笔的历史悠久，中国古代的毛笔，古埃及的芦苇笔，古代欧洲的鹅毛笔等，都为人类文明的发展做出过重要的贡献。

今日生活中的笔种类繁多，常见的有铅笔、钢笔、圆珠笔等。用于设计表现的笔也有很多不同的类型，根据其特性可分为硬笔和软笔两大类。硬笔类主要包括铅笔、钢笔、针管笔、圆珠笔、弯尖钢笔等，主要用以描绘线条；软笔类多用于表现色彩或明暗，主要包括毛笔、尼龙笔、不同规格的水彩和水粉扁笔等。还有一些特殊的设计用笔，介于硬笔和软笔之间，如记号笔（马克笔）、水彩笔、水溶性铅笔等，这些设计用笔不仅适合勾画线条，同时也能用于色彩的渲染处理，在实际设计实践活动中深受设计工作者的欢迎并得到了广泛的应用。下面具体介绍几类草图绘制过程中常用的画笔类型。

• 铅笔

一般铅笔的笔芯是用石墨制作而成的，成分主要为炭和胶泥。其中，胶泥含量的多少决定了铅芯的硬度。一般绘图铅笔按照硬度可以分成多种型号，从硬到软分别用6H~6B来表示。

绘画专用铅笔的编号从硬到软排列如下：

硬← 6H 5H 4H 3H 2H H HB B 2B 3B 4B 5B 6B →软

用铅笔绘制草图时，一般会使用笔芯硬度适中或偏软的铅笔(HB~4B)。铅笔产生的线条变化丰富，利用笔锋的变化可以产生诸如厚实、轻快、流畅等效果，也可利用虚实变化产生强烈的层次感。铅笔绘图既可利用简单线条表现形体，也可利用线条块面表现明暗和空间关系，这是最常用的设计表现方式。

在实际设计过程中，有时也会用炭笔、自动铅笔、铅芯笔来代替普通铅笔，但其表现效果会略有不同。

绘画用的专用铅笔、铅笔的削法、打磨铅笔头的细砂纸及铅笔速写分别见图1-11~图1-17。

图 1-11　绘画用的专用铅笔

图 1-12　铅笔的削法

圆形的笔芯应露出木材部分6~8mm，呈圆锥形。

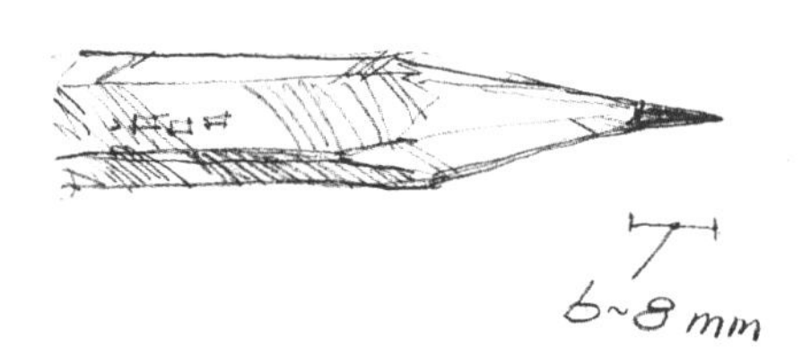

图 1-13　扁头铅笔

把铅笔削成扁头以扩大铅笔的表现力。

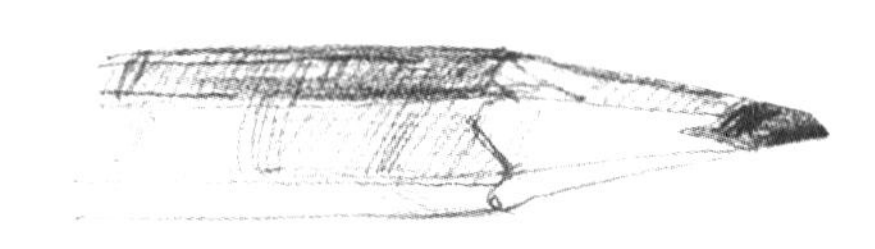

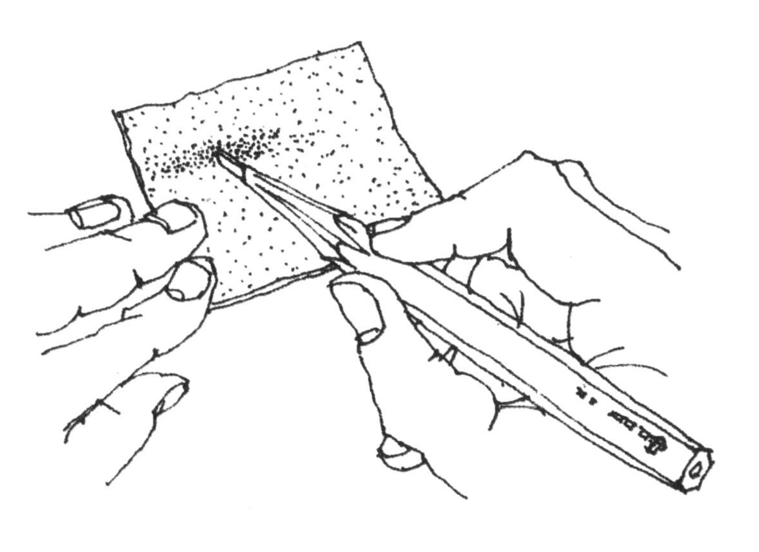

图 1-14　细砂纸

可以准备一张细砂纸专门用来打磨铅笔头，细砂纸的作用几乎和削笔刀同样重要，图中的笔芯磨成和画面成一定角度的扁头状。

图 1-15　扁头铅笔的应用

扁头铅笔不仅可以画细线，而且还能够表现面，因此特别适合于作较大面积的明暗层次处理。将笔头的斜面均匀地压在纸面上，即可画出一段宽度均匀、色调一致、首尾干净利索的线段。

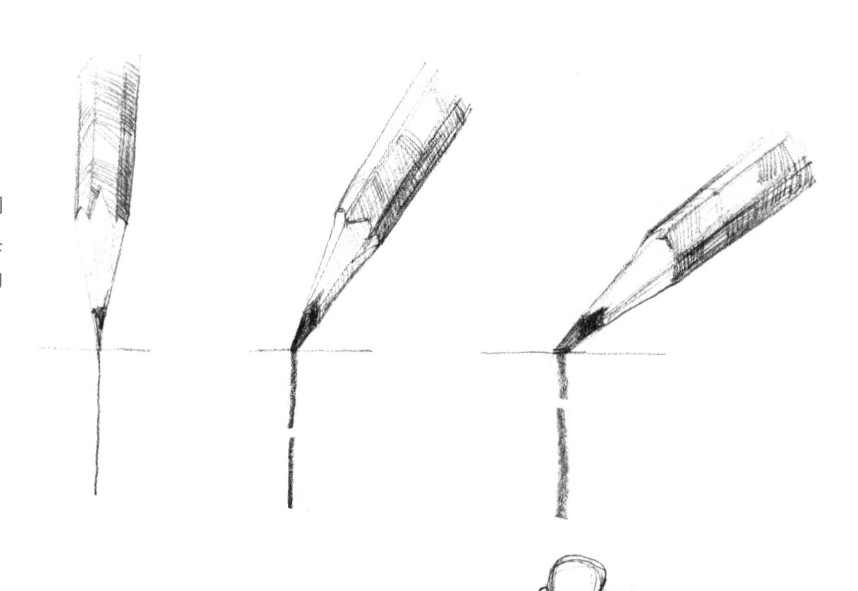

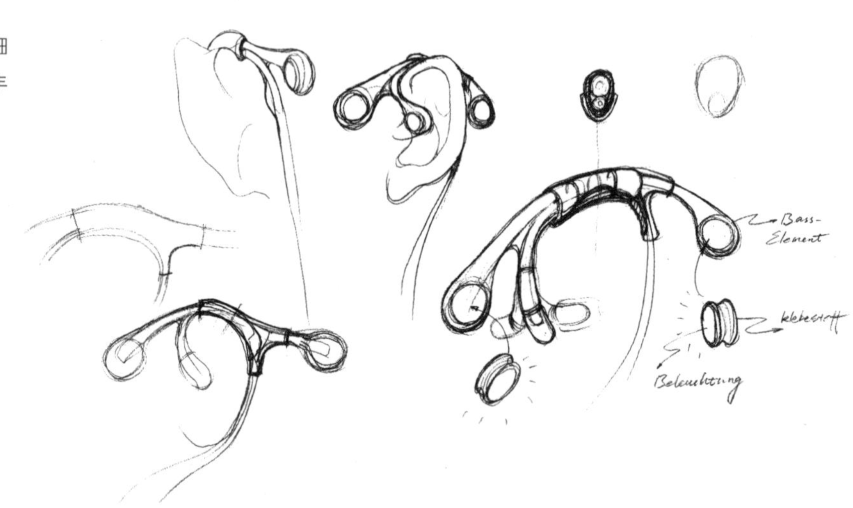

图 1-16　一组铅笔速写图

利用铅笔的侧锋以及落笔的轻重，产生粗细不同、深浅变化的铅笔线，其表现力极其丰富。

图1-17　用扁头铅笔画的建筑风景

• 钢笔

钢笔笔尖，可以说是钢笔的最关键部分，从细到粗，各种变化都有，一般最常见的钢笔笔尖尺寸以B、M、F 和 EF为主，由粗到细是 B > M > F > EF。

钢笔的特点是笔触富于变化。与铅笔相比，钢笔的表现技法难度较大。首先，钢笔的笔触无法修改，只能叠加，不能擦拭。设计师使用钢笔勾画草图之前，必须做到胸有成竹，一气呵成，切忌反复修改涂抹。其次，虽然钢笔的线条直率有力，但缺少铅笔特有的深浅不一、虚实有致的丰富细腻的层次变化。设计师应利用线条区分面与面之间的关系，并用有限的疏密变化表现出物体的层次感。再者，钢笔墨水特别是黑色墨水的笔触和白色纸张会形成强烈的对比，形体的表现较铅笔更加明确和清晰，因而能产生鲜明的艺术效果。最后，钢笔草图不易退色，能长久地保存。

弯尖钢笔、签字笔、蘸水笔等与钢笔具有类似的特点，仅在笔触的粗细上略有差别，故可一并对待（图1-18和图1-19）。图1-20是一组产品的钢笔速写。画面中的线条时而明确有力，时而生动活泼，展现了钢笔速写独有的鲜明特征。

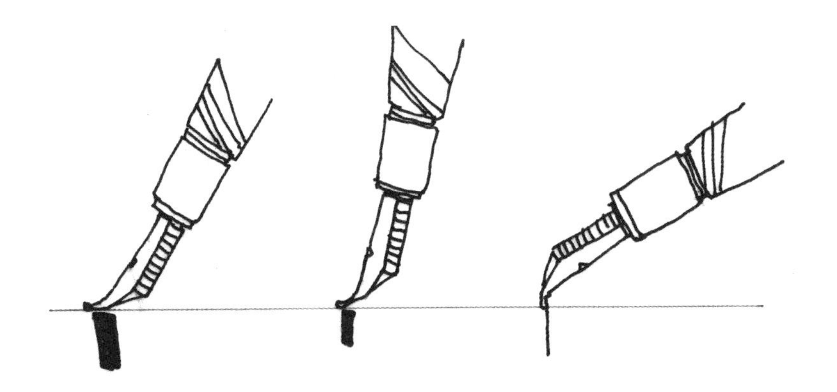

图 1-18　弯尖钢笔

弯尖钢笔又称美工笔，顾名思义是专为美术绘画制作的笔。通过美工笔的弯头和纸接触的角度变化产生多种宽度的线条。

图 1-19　**各类笔的性能特点**

签字笔携带方便，干净，只需更换笔芯，无需充墨水，但只有一种宽度的线条，缺少笔触变化。

签字笔

签字笔

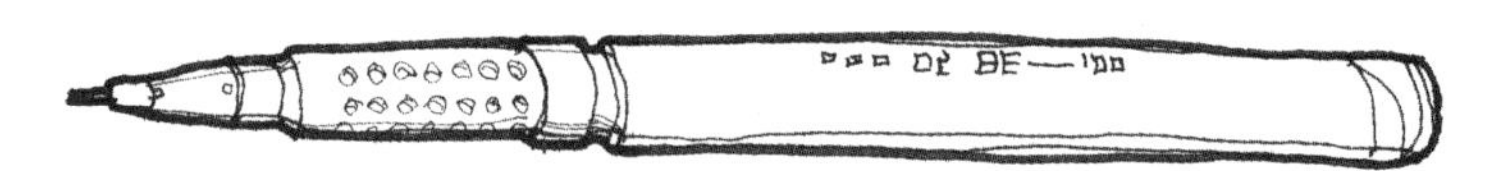

目前，普通钢笔有被签字笔取代的趋势。

普通钢笔

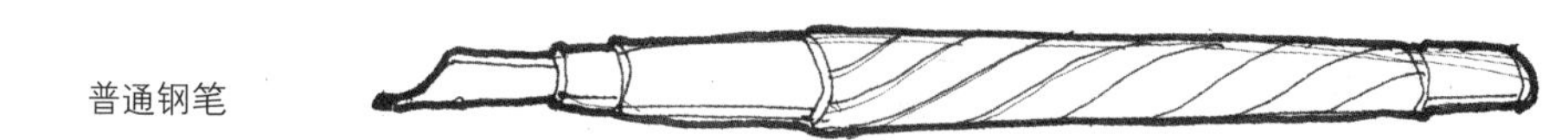

这是一种特制的绘画用钢笔。钢笔尖端弯曲，既可画线，又可涂面，与普通钢笔相比，更具绘画表现力。

弯尖钢笔

弯尖钢笔

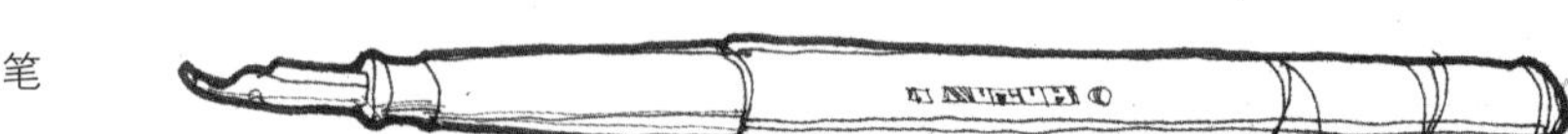

这是一种古老的笔,除了专业画家外,现代人已很少使用。蘸水笔笔杆较细，笔尖柔韧，有弹性，作画时手感较好。

蘸水笔

图 1-20　一组产品的钢笔速写

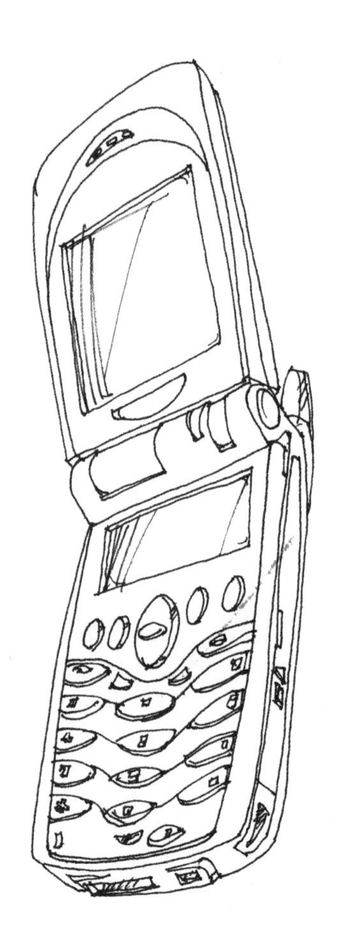

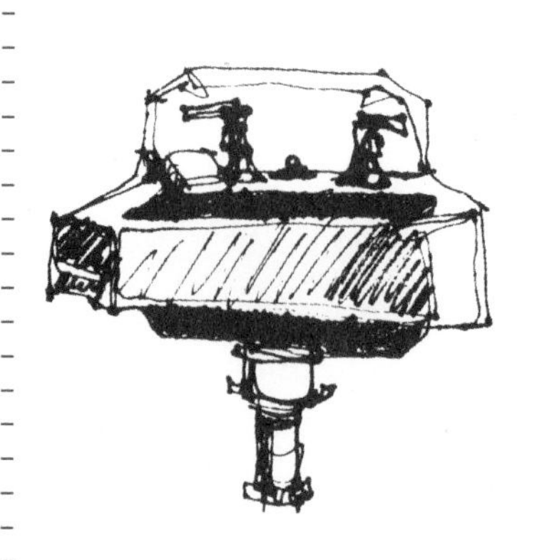

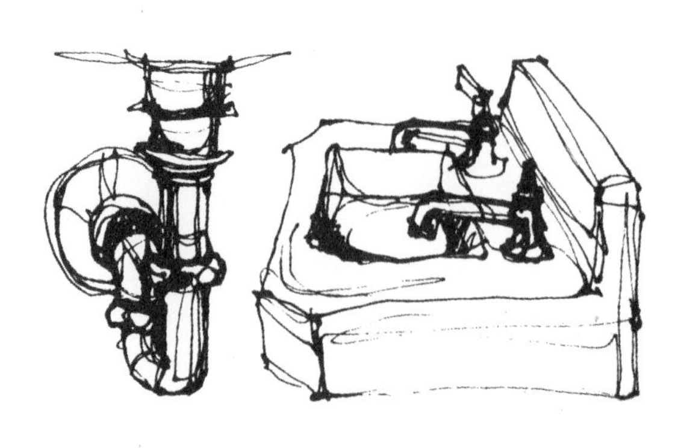

• 针管笔

针管笔是工程制图用的描图笔（图1-21）。针管笔可按照笔尖的粗细分成多种型号，一般从0.1至1.2，其中0.1号的针管笔最细，绘制出来的线条宽度为0.1mm。传统针管笔笔尖是一个极细的管子，墨水从中流出并在纸上留下与笔尖等宽的线型笔触。用针管笔作图时，对墨水和纸张的要求比较高。如果墨水品质不佳，或者纸张表面起毛，极易造成笔头堵塞，出水不畅，甚至造成笔头损坏等。

在使用针管笔作画时，针管笔身应尽量保持与纸面垂直，以保证画出粗细均匀一致的线条；运笔速度及用力应平稳均匀；起笔和收笔不应有明显的停顿；使用后应及时清洗笔头，以防止笔头堵塞。图1-22所示为利用针管笔进行的速写图。

在实际设计过程中，简易的针管笔往往更受设计师青睐。这种针管笔一般有两种：一种是中性墨水笔，笔头为圆柱形，笔尖与圆珠笔相似,常见的品牌有Pilot等；另一种是极细的记号笔，笔尖为圆柱形，主要以油性墨水为主，常见的品牌有Edding、Sakura（樱花）以及三菱等。这类笔的效果和针管笔极其相似，使用前不需要额外添加墨水，也不需要特殊的清洗或维护，而且粗细型号齐全，因而深受设计师和插图画家的欢迎。

图 1-21　针管笔

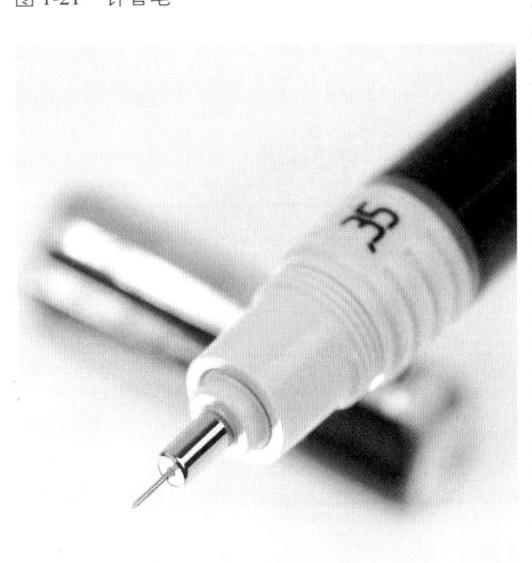

图 1-22　针管笔速写

用针管笔作画与钢笔作画相仿，但使用起来还是稍有差别。钢笔作画显得比较有弹性，手感好，而针管笔可以粗细搭配，表达效果更丰富。

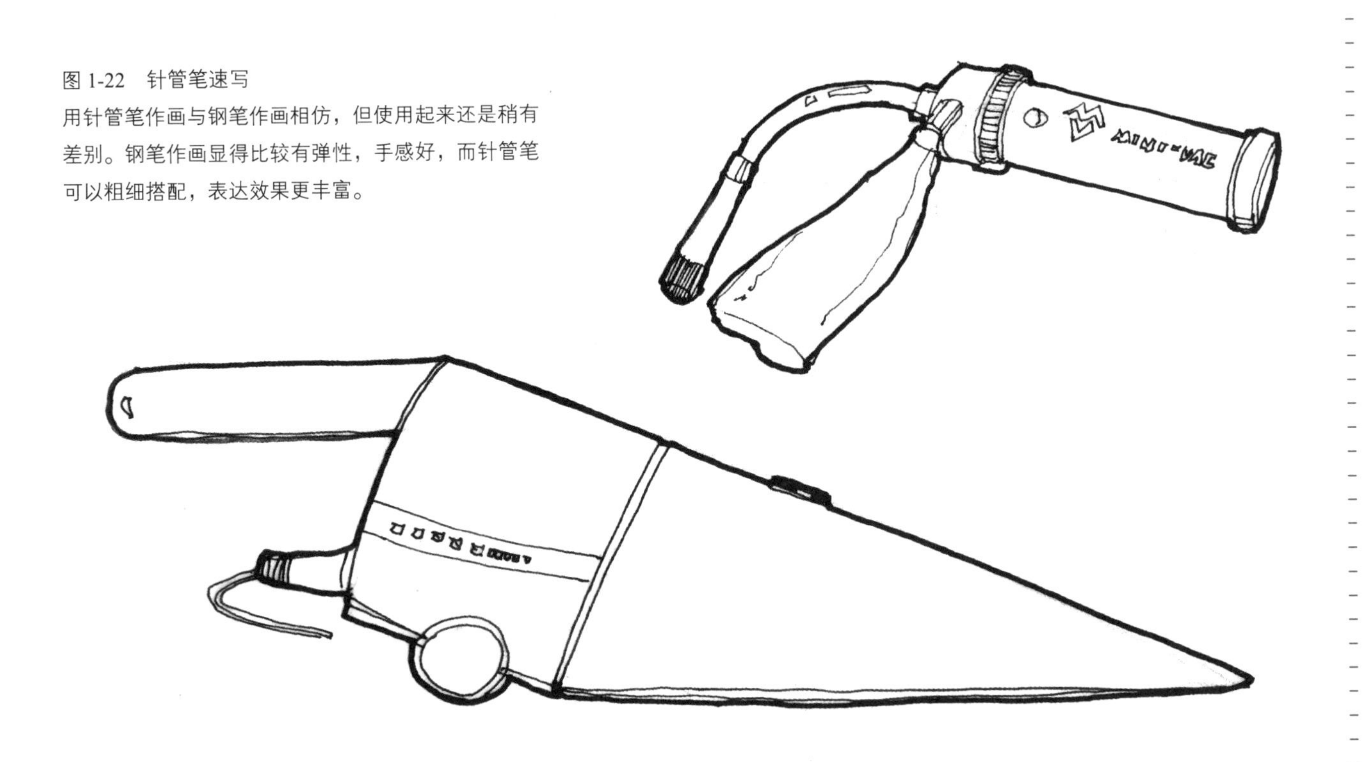

· 记号笔（马克笔）

图 1-23　记号笔

记号笔历史不长，堪称为一种现代笔。由于它的色彩稳定，方便携带和收藏，因此一问世就深受设计师们的喜爱，已经成为现代设计界不可或缺的绘画工具。

记号笔又称马克笔或麦克笔（取自英语Mark的音译），是最常见的设计用笔（图1-23）。一般记号笔可分为水性和油性两种。相对钢笔和针管笔，记号笔轻巧方便，色彩丰富，无需特殊维护，因此成为设计师和插画家偏爱的主要绘画工具之一（图1-24）。

记号笔的笔头由毛毡制成，一般呈方形、圆柱形或圆锥形，使用者可根据需要转换笔锋以获得线条或块面的效果。记号笔颜色丰富，不仅有各种灰阶的灰色系列，更有多种彩灰色和彩色系列。每种品牌的记号笔都有自己的颜色编号，国外有一种记号笔是按照Pantone色卡的颜色编号来定义笔号的。常见的记号笔品牌有Copic、Touch等，其中有些记号笔配合特殊的配件和设备，还可以作为喷枪用以渲染，在汽车设计中应用广泛。

图 1-24　一组记号笔速写（图由单荃提供）

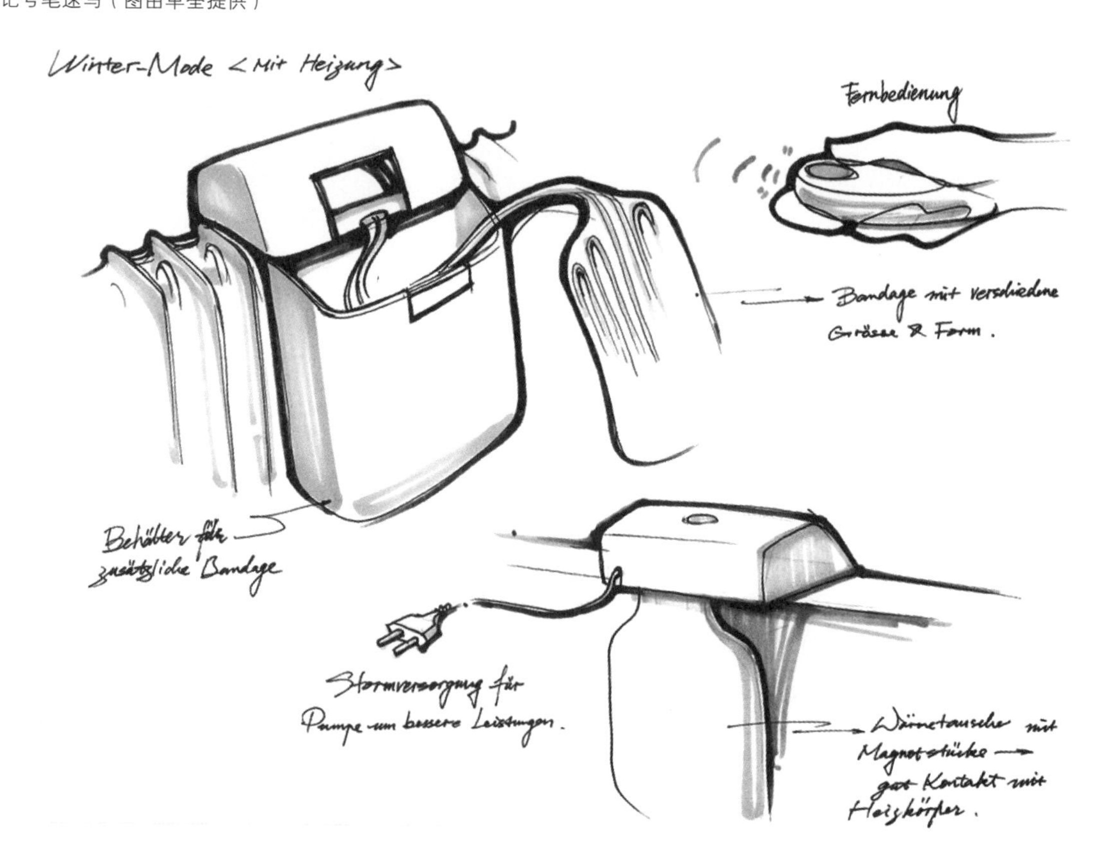

• 彩色铅笔

彩色铅笔简称彩铅，顾名思义，彩铅的铅芯是彩色的，而且不含石墨，一般用来给设计速写添加色彩或勾勒线条（图1-25）。彩铅根据其铅芯的特质可分成蜡质的、粉质的和水溶性的。在设计速写时用到的彩铅主要有粉质的和水溶性的彩铅。粉质的彩铅较硬而且有点发脆，适合于线条的表现。水溶性彩铅加上水之后，笔触会慢慢溶化，形成水彩颜料的效果。合理地运用彩铅的绘画技巧，可以获得丰富的线与面、干与湿、虚与实、硬与软的冲突和对比，产生特殊的艺术表现效果 。

图 1-25　彩色铅笔

• 彩色粉笔

彩色粉笔简称色粉笔（图1-26）。彩色粉笔呈粉质，硬而脆，可直接在画面上上色；也可将其刮成粉末状，借助棉花棒或用手指擦拭粉末到画面上，形成柔和渐变的效果（图1-27）。

图 1-26　彩色粉笔

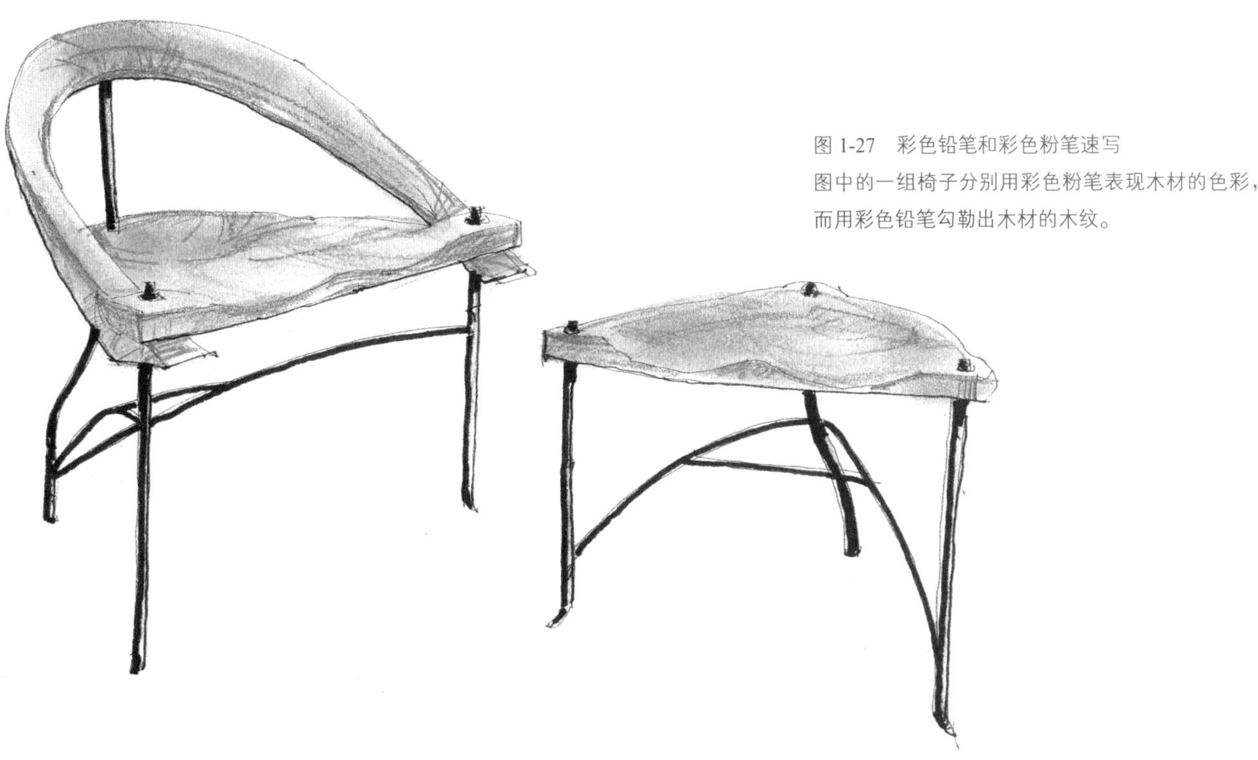

图 1-27　彩色铅笔和彩色粉笔速写
图中的一组椅子分别用彩色粉笔表现木材的色彩，而用彩色铅笔勾勒出木材的木纹。

• 其他画笔

除了上述几种常见的设计用笔之外，在设计过程中，由于个人的习惯和爱好，还可能会用到其他几种画笔工具，例如圆珠笔，配合水彩水粉颜料上色渲染用的各类软笔，直接在计算机上进行手绘用的专用电子绘图板和手写笔（图1-28、图1-29）等，这些工具各有其特点和表现效果。

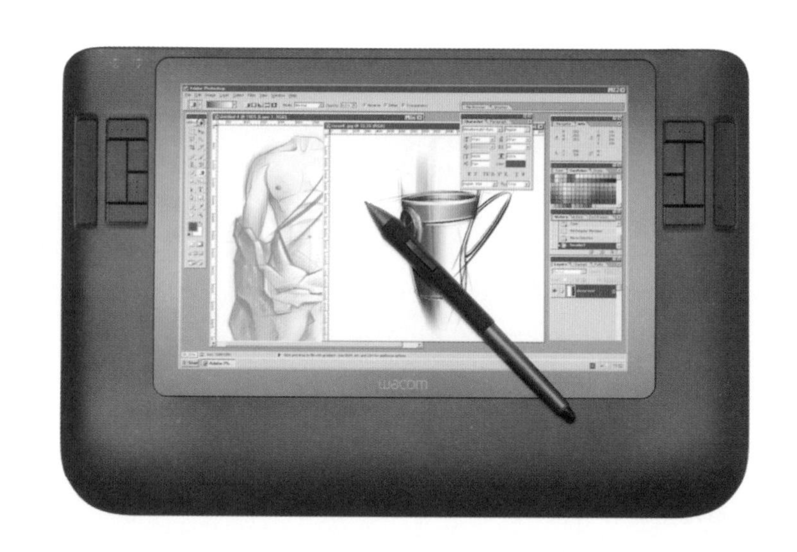

图1-28　电子绘图板

电子绘图板又名手绘板。电子绘图板取代了传统的画板和画笔，而由一块电子感应板和一支压感笔组成，并和相应的软件配合，成为具有手绘功能的计算机绘画系统。由于计算机技术的发展，绘图板正在逐渐成为设计师的设计绘图工具。

图1-29　用电子绘图板做的设计速写（图由凌于洲提供）

2. 纸的特性和选择

纸是书写绘画的载体，设计师在开始进行设计速写之前，必须根据需求和选用的画笔特性合理地选择纸张。

一般来说，纸的色泽以白色为佳。铅笔用纸张表面需要有一定的质感；钢笔用纸张要求比较结实，而且不能洇水；针管笔用纸张则要求表面细腻光洁，不能起毛；记号笔用纸张要求不能洇水且表面细腻，画起来才能顺畅自如；如果使用水溶性铅笔或水性颜料上色时，吸水性则成为纸张选择的重要指标，因此水粉纸、水彩纸都是很好的选择。

下面简单介绍一些实际设计过程中常用的几类纸张。

• 速写本

市场上有多种规格的、装订成册的速写本、素描本甚至记事本可供选择，选择时要注意纸张质量，要求有一定的厚度且表面细腻不易起毛。速写本的优点在于方便携带，易于保存，特别适合设计师平时积累素材、记录灵感、交流设计之用。随身携带一本小巧的速写本是很多设计师的职业习惯，国外很多设计师都偏爱Moleskine的小型速写记事本（图1-30）。

图1-30 Moleskine出品的纪念版速写记事本

• 复印纸

A3、A4的白色复印纸可能是设计师平时最常用的绘画用纸了，相同大小的纸张一般以每平方米的质量来定义规格，常见的有80g、100g、120g、160g等。复印纸表面光洁，方便收集装订且价格实惠易于购买，特别适合平时的概念记录、草图绘制或设计交流之用。复印纸还有一个重要的优势，那就是设计师可以在打印稿的基础上对设计的细节进行推敲修改或其他处理，大大提高了设计师的工作效率。

• 有色纸

设计师有时会利用有色的纸张做色彩表现图，使得作品色调统一，具有特殊的艺术表现效果，常见的有黑卡纸、灰卡纸以及其他颜色的有色纸。使用这类纸张时，往往需要选择彩铅或色粉笔等绘画用具配合使用，用户可以根据需要自由选择。

• 硫酸纸、马克笔专用纸

硫酸纸又称制版硫酸转印纸（图1-31），主要用于印刷制版，纸质纯净光洁、强度高、半透明、不易变形且结实耐用。在实际设计活动中，利用其半透明的特性并配合发光桌面，设计师可在已有的草图基础上覆上一层硫酸纸进行描绘修改，以节省大量的工作时间。

马克笔专用纸与硫酸纸十分相似，专为马克笔绘图之用。马克笔纸也呈半透明，表面细腻，正反面均可勾画，配合针管笔、马克笔以及彩铅使用，可以表现出丰富的层次感和出色的画面效果。

图1-31　硫酸纸

3. 其他工具

颜料：除了纸笔之外，颜料也是重要的绘画工具。但其往往更多地用于效果图的表现，而在设计速写中应用很少，因此不多介绍。常用的颜料有水彩颜料、水粉颜料、丙烯颜料以及透明水彩颜料等。

调色板：调制颜料之用。

美工刀或工具刀：削铅笔以及裁切纸张。

尺：直尺、三角板和丁字尺都是常见的作图工具（图1-32）。此外，设计师还可能要用到诸多的特殊模板，如圆形模板、椭圆模板、曲线模板等，这类模板品种繁多，价格较高，设计师可根据实际需要选择采购。

橡皮：不仅可以擦拭修改多余的铅笔线条，也可以用它擦出高光或亮部。

绘图板：既可作为工作平面，也可作裱贴图纸之用。

胶带纸、胶水、喷胶：可以用来固定图纸。

低粘贴纸（Post-it）：可用作遮挡，可配合记号笔使用以获得齐整的边缘效果。

图1-32　设计速写辅助工具——直尺和曲线板

第二章　线描速写

第一节　线的意义

无论是自然界的物体，还是人造物体，最直观的往往是物体的轮廓，而轮廓很大程度上又涉及它的边界线（当然，线并不只是局限于物体的外轮廓线和结构的边缘线）。线不受光影的约束，能充分表现出物体的形态、质感、空间感及神韵，因此，线是速写的最基本元素，做设计速写的练习，应先从线的练习开始。

对于人们的视觉经验来讲，一段绳子，一根横空的电线，都会在视觉中产生线的印象，从而可知线是一种形状概念。但是，从绘画的角度来看，线——即便是细微的线，都是由若干个面组成的，因此，所谓的线不过是物体的一个假设的边缘线，因而它具有主观性。在视觉中还有很多物体是非线状的，如一块黑板、一面旗帜，它们都是块状的物体，当人的视线落在它们的轮廓上时，即落在它们在背景或空间映衬下的边缘上时，就会看到这个有色的块状物不过是由多条线围合起来的一个方形物体，这时，非线状物体也就存在线的因素了。

线的描绘在绘画中得到了大量的使用。在中国绘画史上，线描被视为国画的基本表现手段，也是工笔画设色之前的一种工序过程（图2-1）。线描艺术是中华民族传统绘画艺术中最能代表中华民族审美意象的艺术形式，有着十分悠久的历史和丰富多彩的流派传承。中国古代艺术家对“线”的描绘有着精深的研究和高超的艺术表现，他们用千姿百态的线描绘自然，抒发情感，并形象地归纳出十八种不同的描法，甚至还创造出一种纯粹以墨线勾勒来描绘对象，不着任何色彩的绘画形式，并称之白描，因此，线描艺术在传统国画中已发展成为一种具有哲学和审美意境的独立艺术形式。

线描艺术不仅仅属于中国画的范畴，它也是一种世界性的艺术语言，其表现形式更是不受任何材料、技法的限制，可以是书写的，也可以是装饰的、写实的、抽象的……无论在何种绘画形式中，线总是最简约、最直接和最快捷的造型语言，但又极具表现力，丝毫不亚于任何一种表现形式（图2-2~图2-8）。学习设计速写，要善于研究线描的技法与表现形式，从各种艺术中吸收养料，探索新的线描语言，挖掘和拓展线描艺术的表现力。

图 2-1 《朝元图》（局部）
山西芮城元代古建筑永乐宫中藏有多幅历经六百余年的壁画，而宫内的“三清殿”壁画《朝元图》是古代绘画，特别是线描艺术作品的代表作。《朝元图》将众多的人物形象组织在一个构图中，构思极为精湛，图中的人物造型饱满，神情生动，表情姿态彼此呼应。壁画用笔劲健而流畅，构成了有机的整体，尤其是人物的衣带飞舞飘逸，似满墙风动，充分发挥了线条的高度表现力。

图 2-2 人物速写（林墉）
林墉，著名画家，这幅人体速写颇能代表画家的风格，“单纯到无可再单纯，简练到无可再简练，也是一种魅力”（林墉语）。其实，这种魅力在产品设计速写中也是可以表现出来的。

图 2-3 插图艺术（波墨尔）
线描速写不受光影的约束，能充分表现出物象的形态、质感、空间感及神韵。

图 2-4　插图艺术（戈梁耶夫）

《哈克贝里•芬历险记》中的插图。画人物重在精神气质的表现，插图要根据原著的故事情节表现人物，不仅是人的神态，人体骨骼、服装衣纹的表达也很重要。

图 2-5　植物的线描

仔细观察植物的形态、结构和来龙去脉，叶片之间的关系不像画素描是用明暗调子表现，而是用线的前后遮挡来体现出植物的结构。

图 2-6　建筑风景速写

建筑风景速写首先要考虑画面的总体布局，然后才是形体的位置和线条的简化。作品成败的关键之一还在于对透视的合理运用，写实的建筑画更需要表现出结构的平正和比例的协调。

图 2-7 建筑风景速写

画面中的建筑物和植物是通过不同类型的线条组合排列而成的，画面中线条的疏密关系需要仔细推敲，必须有松有紧，有张有弛，才能形成对比。

图 2-8 街景速写

线的排列和表现展示出了街景的秩序感、节奏感和空间感。复杂的场景经过提炼，再通过简洁的线条表现在纸面上，使阅读者的体验更加深刻，从这个层面上说，是画家帮助了阅读者的审美体验。

第二节　透视

从视觉的角度而言，物体有形状、色彩和体积三个属性。透视学根据这种属性分为广义透视学和狭义透视学。

通常所说的透视指的就是狭义透视学。狭义透视学有时又称焦点透视，顾名思义，即以一只眼为焦点，以固定的一个方向去观察物体。最初研究透视时，研究者把透明玻璃板放在眼睛正前方作为画板，通过这个透明画板去看景物，并依样在平面玻璃板上把立体形状描绘下来，用这个方式最后得到透视形体（图2-9、图2-10）。

图 2-9　研究透视的铜版画
文艺复兴时代的版画家丢勒是一个著名的透视研究者，他用铜版画的形式记录下当时研究透视现象的方法。

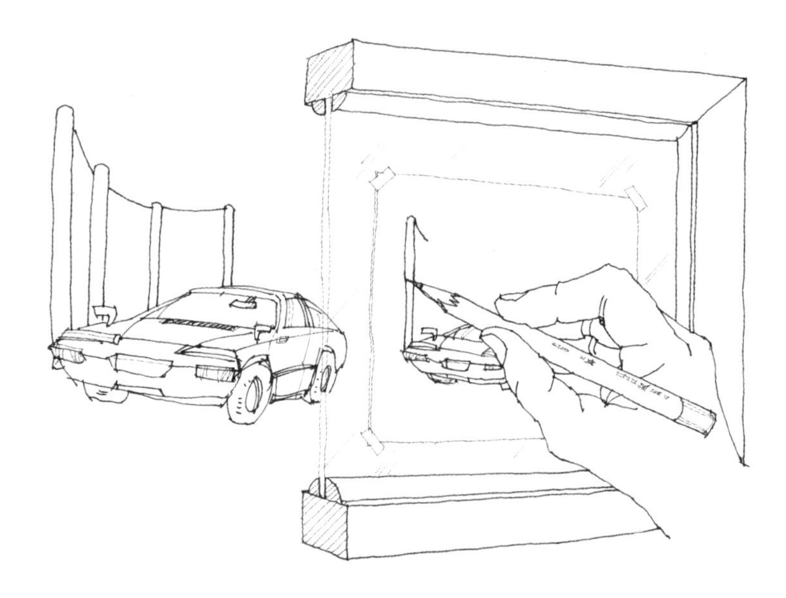

图 2-10　透视现象

绘画者在透明玻璃板上把立体形状描绘下来，以获得准确的透视形体。由图可知，透视形成的三个要素为人(由视点代表）、画面（由玻璃代表）和物体。

广义透视学除了包含狭义透视学的部分之外，还包含对空气透视和色彩透视的研究。空气透视是指物体在不同距离时视觉所能感知到的模糊程度（图2-11），由于空气和空气中灰尘的阻隔，造成物体距离眼睛越远，视觉的清晰度越差，即所谓“远人无目，远水无波”。对色彩而言，距离的远近也会造成视觉中色彩反映的变化，例如深色的物体越远越显得淡，浅色的物体越远越显得灰等。这就是色彩透视。

透视学的理论基础是几何学，是在数学、逻辑学的方法上建立起来的形体表现，再通过几何原理基础上的推理，求得精确的形体尺度，这是纯理性的结果。但是，这种结果却为绘画艺术提供了一套新的视觉语言，成了艺术家和设计师们创作的重要手段。透视既是“量化”的，又是“视觉化”的，科学和艺术两种平行的方式在透视中得到了非常完美的结合，因此它的发展和绘画、雕刻、建筑等艺术实践密切相联。学习透视的理论有助于提升对三维空间和形体的认识，从而提高语言表达的正确性。

图 2-11　建筑群的空气透视关系

建筑群的屋顶从远到近，越来越清晰和明确，表现出了远疏近密的关系，这种描述符合人的视觉心理效应，也是线描速写表示空间效果的方法之一。

1. 透视空间

视点、画面和物体三者组成“透视空间”，视点为投射中心，画面为投影面，物体为投射对象（图2-12）。透视图中所有的原理和方法都是以这个“透视空间”为基础而形成的，视点、画面、物体三者中任一个发生变化，透视图将随之变化。

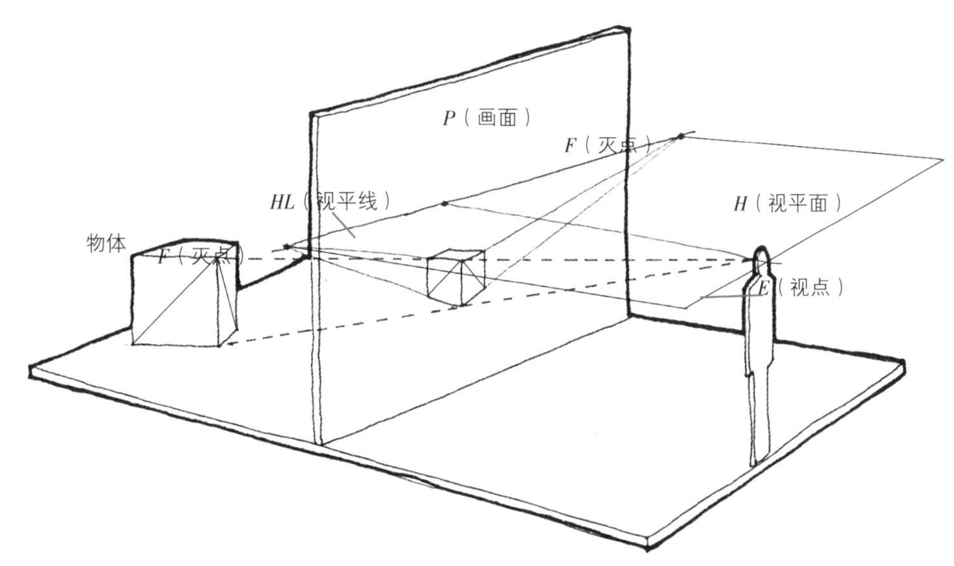

图 2-12 “透视空间”的形成

“透视空间”的三要素：视点、画面和物体。

透视图术语：

E——视点，观察者的眼睛。

P——画面，视点与物体之间假设的投影面，即画透视图的平面。

H——视平面，过视点所作的水平面。

HL——视平线，视平面*H*与画面*P*的交线。

F——灭点，灭点是透视图中一组相互平行直线的延伸相交点。物体和画面的相对位置发生变化，使物体长、宽、高三组主要方向的轮廓线与画面或平行或相交。与画面相交的轮廓线，在透视图中有灭点（主向灭点），与画面平行的轮廓线，在透视图中没有灭点。

由视点（眼睛）引向物体的某一点，视点和该点的连线，即视线（直线）必定和画面（平面）相交于一点。如果将视点与物体上的各点相连，那么在画面上将出现很多交点，连接这些交点，在画面上就表现为物体的三维图像。因此，从几何学意义上说，透视图就是求直线与平面交点的几何问题（图2-13）。

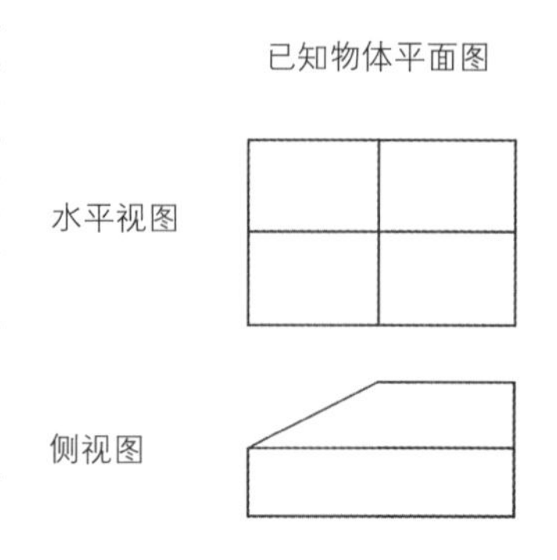

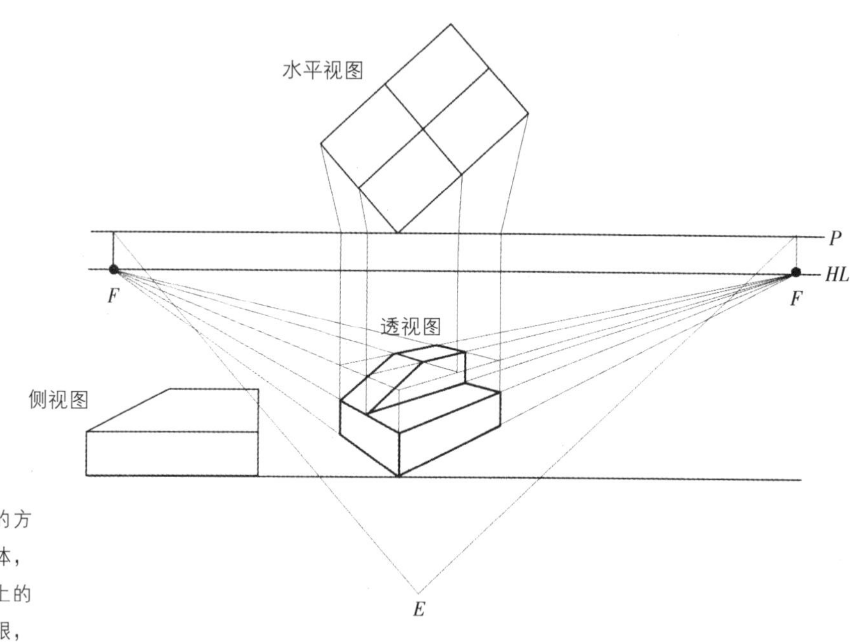

图 2-13　用几何学的方式求透视
在已知物体平面图的基础上，可以用几何学的方式，从已知的平面图上求得物体的精确三维形体，因此，透视是一个几何学的求解过程，透视图上的每一个点都和平面图有对应的关系。因篇幅有限，本书中就不作详细求解和展开叙述了。

2. 透视图的分类

根据透视图中主向灭点的个数，透视图可分为一点透视、两点透视和三点透视。

· 一点透视

若物体长（X）、宽（Y）、高（Z）三组主向轮廓线中有两组平行于画面，则这两组轮廓线在透视图中没有灭点，而第三组轮廓线必垂直于画面消失于灭点处（图2-14），这种有一组垂直于画面的平行线消失于灭点的透视，称为一点透视（图2-15）。这类透视图表现物体时有一个方向的平面平行于画面，故又称为平行透视。用一点透视表现的画面，有很强的规律性和线条集聚性，视觉效果强，形体表现感觉平稳、庄重（图2-16、图2-17）。

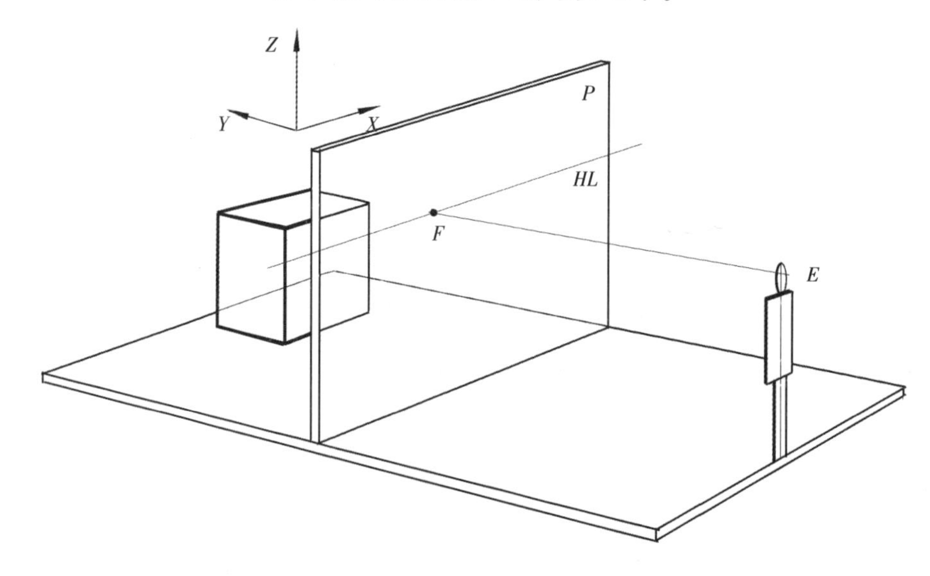

图 2-14　透视原理图

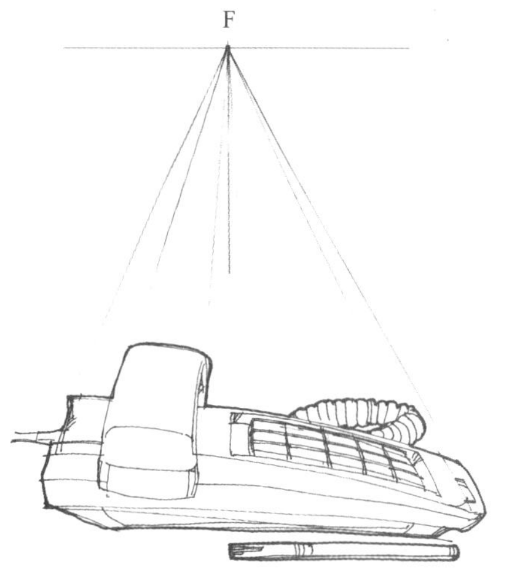

图 2-15　视线垂直于画面的一点透视
由于和画面垂直的平行线都消失于一点，因此一点透视很容易理解和上手。

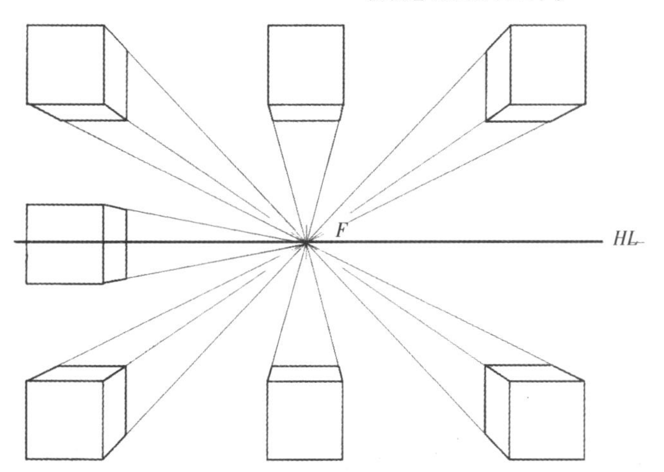

图 2-16　一点透视的规律
物体和视平线的相对位置发生变化时，物体各个面的变化和表现。

图 2-17　室内空间的一点透视
对于物体和复杂场景的描绘，一点透视的规律性和集聚性尤为突出。图为用一点透视形式表现的室内环境设计图。

· 两点透视

当物体仅有铅垂轮廓线（通常为物体的高）与画面平行，而另外两组水平的主向轮廓线（通常为物体的长和宽）均与画面斜交时，透视图在画面视平线上产生两个灭点F_1和F_2。这种透视形式称为两点透视（图2-18）。因为这类透视图表现的物体有两个面均与画面倾斜成一定的角度，故又称为成角透视。两个灭点产生两组趋向不同的线束，图形表现更为活跃，但在制作上较一点透视图复杂（图2-19~图2-23）。

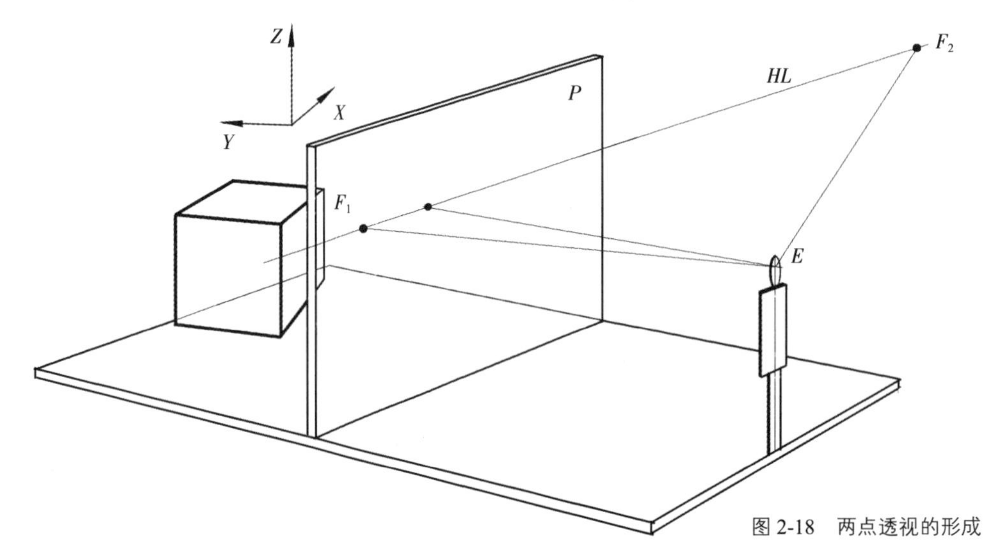

图 2-18　两点透视的形成

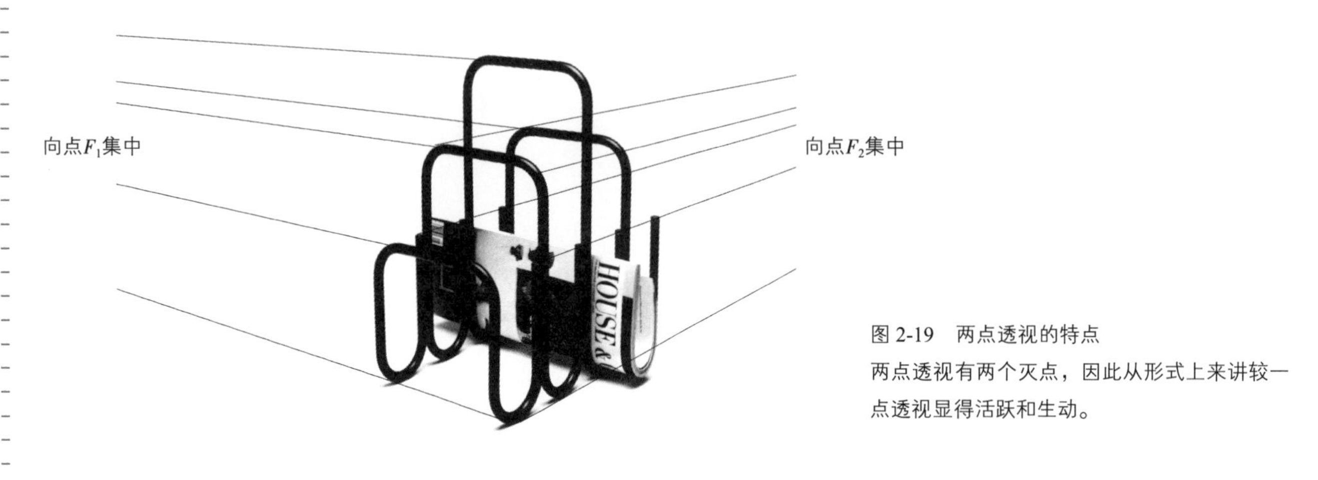

图 2-19　两点透视的特点
两点透视有两个灭点，因此从形式上来讲较一点透视显得活跃和生动。

图 2-20　两点透视的控制点
因为两点透视有两个控制点，所以对复杂场景的描绘，两点透视难度会较大。为了减小失真度，两点透视的两个灭点之间的距离往往拉得较开，这也增加了作图的难度。

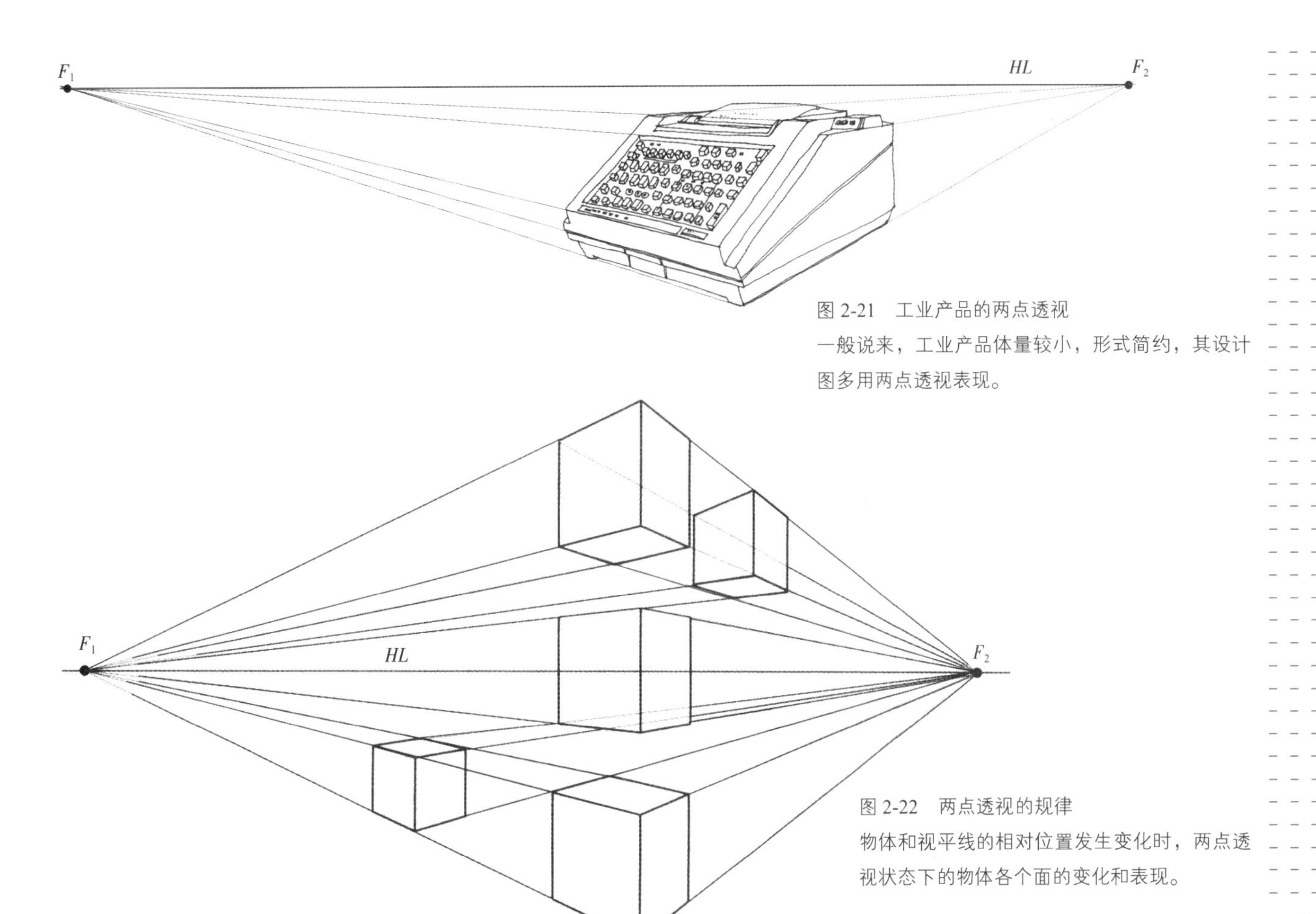

图 2-21　工业产品的两点透视

一般说来，工业产品体量较小，形式简约，其设计图多用两点透视表现。

图 2-22　两点透视的规律

物体和视平线的相对位置发生变化时，两点透视状态下的物体各个面的变化和表现。

图 2-23　用两点透视表现的室内环境设计

· 三点透视

画面倾斜于地面时，则画面与物体长、宽、高三个主向轮廓线均相交于三个交点，这种透视图称为三点透视（图2-24）。因为这类透视图的画面和地平面是倾斜的，故又称为倾斜透视。由于倾斜的角度不同，三点透视又分为仰透视和俯瞰透视，这类透视图有较强的纵深感,一般为画高大物体或大场景所用（图2-25~图2-27）。

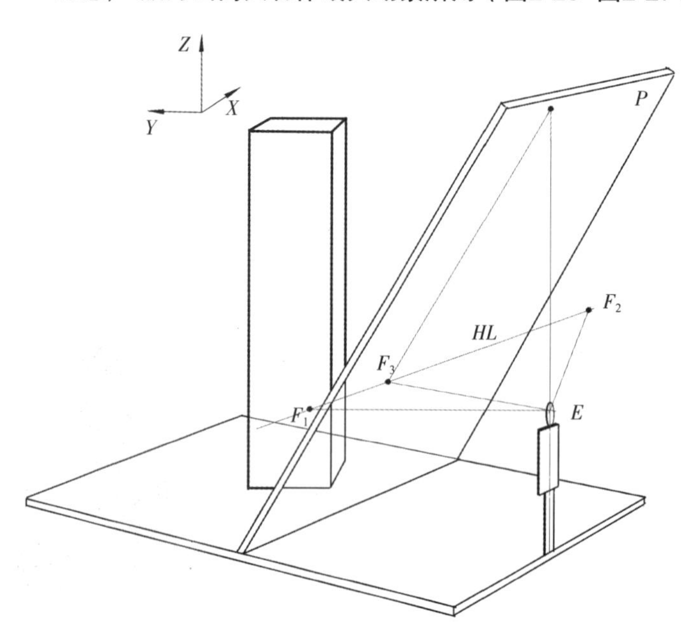

图 2-24　三点透视的形成

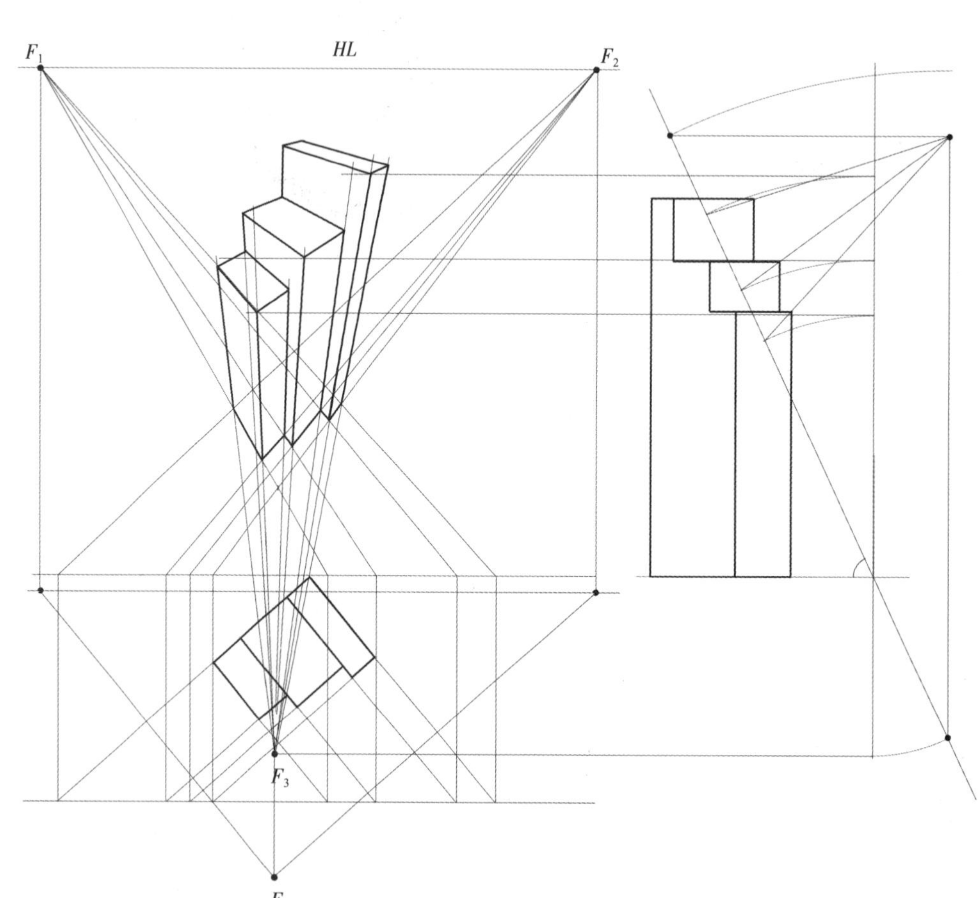

图 2-25　三点透视求解

三点透视的求证过程比较复杂，较难掌握。图为一个形体的透视求解过程。

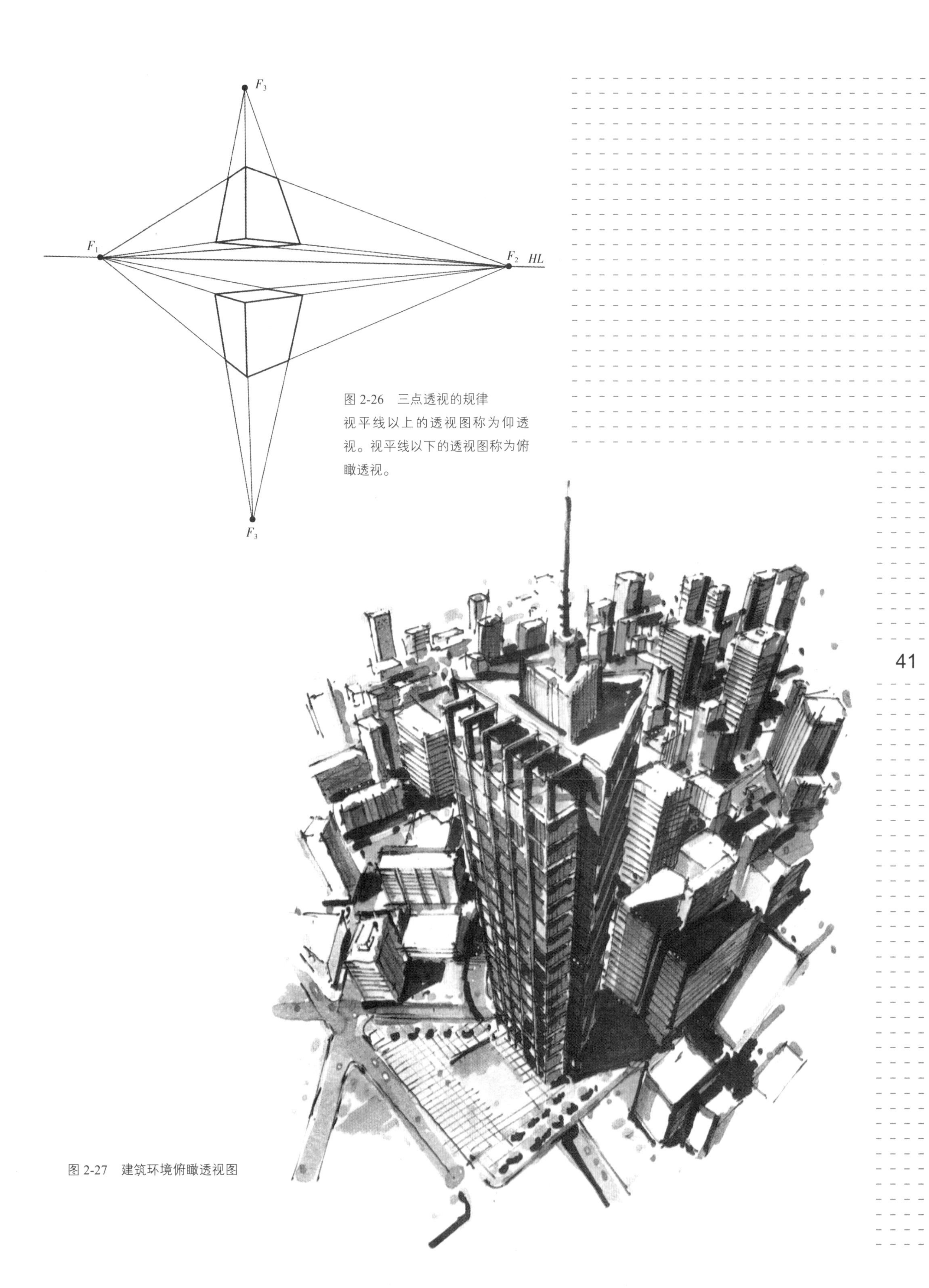

图 2-26　三点透视的规律
视平线以上的透视图称为仰透视。视平线以下的透视图称为俯瞰透视。

图 2-27　建筑环境俯瞰透视图

第三节　线的表现力

线的描绘只需一支笔、一张纸，非常简单，但是，线的表现力却相当广泛。线描既能够对具体物象作概括处理，也可以细致刻画；既能进行造型训练，也可以创作表现。线描的表现力体现在两个方面：首先是通过对线条的安排组织来反映物体的空间、体量、结构和质感；其次是体现线条本身的美感。

线条的表现形式多种多样，因人而异，亦可因工具而异，可使作品呈现不同的风格和面貌。例如签字笔，可以画出纤细的黑色线条，与白而光洁的纸形成鲜明对比，可用于深入细致地表现对象，效果特别好；而如果喜欢鲜艳的色彩，可用彩色铅笔、水彩笔、记号笔等色彩工具进行描绘；要是选择软笔，画出来的线条则有粗细变化，表现丰富。

设计线描速写的特点可以归纳为以下三点：

（1）突出主体　速写内容直奔主题，往往不写背景或虚写背景。

（2）只求传神　线描速写没有修饰性描写，所以设计师能将精力集中于描写对象的特征，寥寥数笔，就能画龙点睛地揭示对象的要点，以少胜多，以“形”传“神”。

（3）务求朴实　线描简洁、明快，抓住事物最概括和最本质的特征进行表现，手法自由，不受约束，但求淳朴和实用。

从绘画表现的角度，可将线条分为快速表现的线条、匀速表现的线条和使用工具表现的线条三类（图2-28），其示例见图2-29~图2-31。

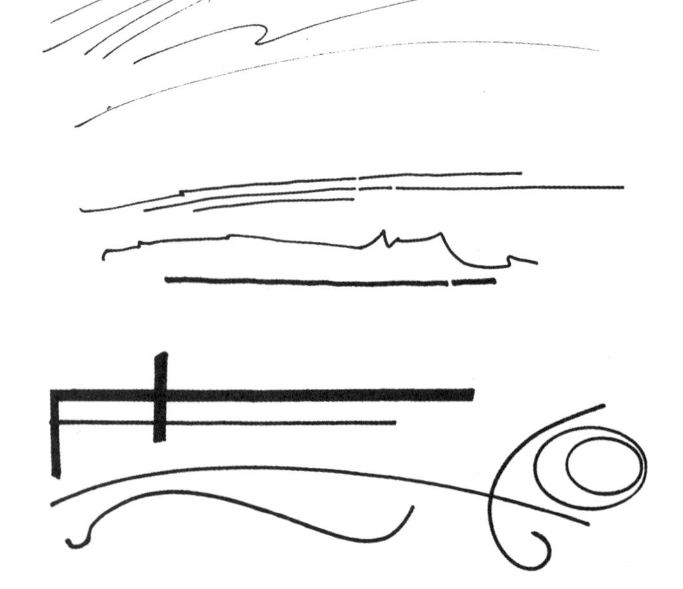

快速表现的一组线条：轻松、有弹性。

匀速表现的一组线条：稳健、沉着。

使用工具表现的一组线条：挺括、精确。

图 2-28　各类线条的表现

图 2-29　快速表现的线条
这类线条通常出现在设计师早期的设计构思过程中，快速的绘画方式能够跟随头脑中的构思展开，也就是说，手和笔的速度能够跟得上大脑的思维速度。（图由奚杰提供）

图 2-30　匀速表现的线条
在时间相对比较充裕，能够仔细地考虑对象形态的情况下，可以慢慢画。（图由段凯风提供）

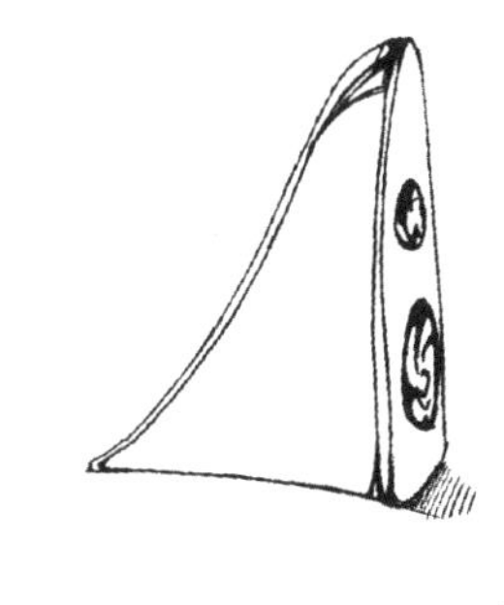

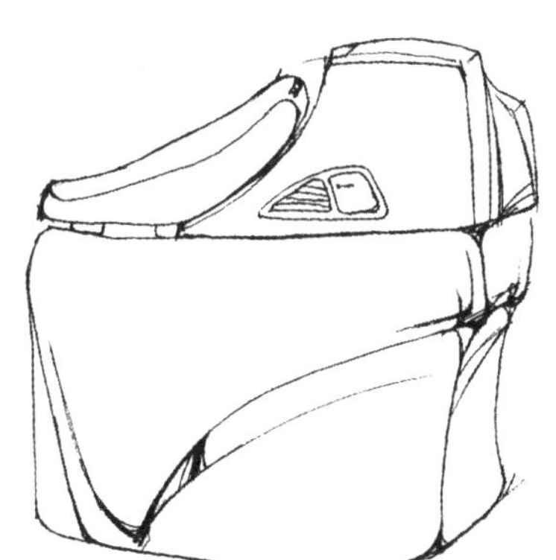

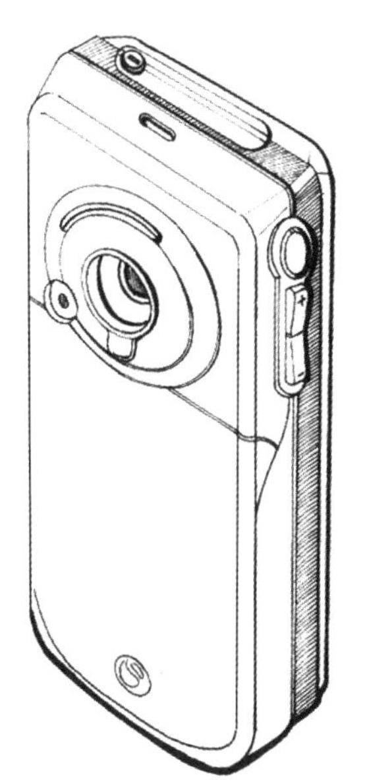

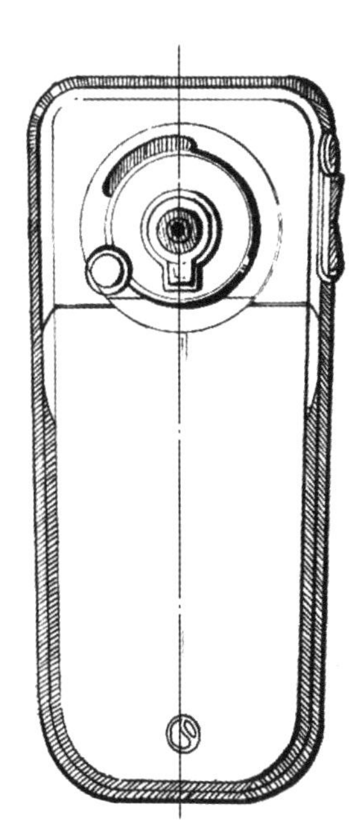

图 2-31　使用工具表现的线条
借助直尺、圆板、椭圆板等工具表现的作品，画面显得严谨，特别在细节的描绘上可以更为深入。（图由董欣元提供）

利用线条的粗细来丰富画面，或者达到某种特定的目的，这是线描速写中常用的方法。粗和细是相对的，可以选择不同笔头的签字笔、记号笔，利用它们画出的各类粗细不同的线条，产生某种组合效果。例如，有的记号笔有两个笔头，一头粗，一头细，而较粗的笔端往往是斜面的，又能变化出两三种线条，大大加强了笔的表现能力（图2-32）。一般来讲，这是一种既简单而又出效果的方法（图2-33~图2-37）。

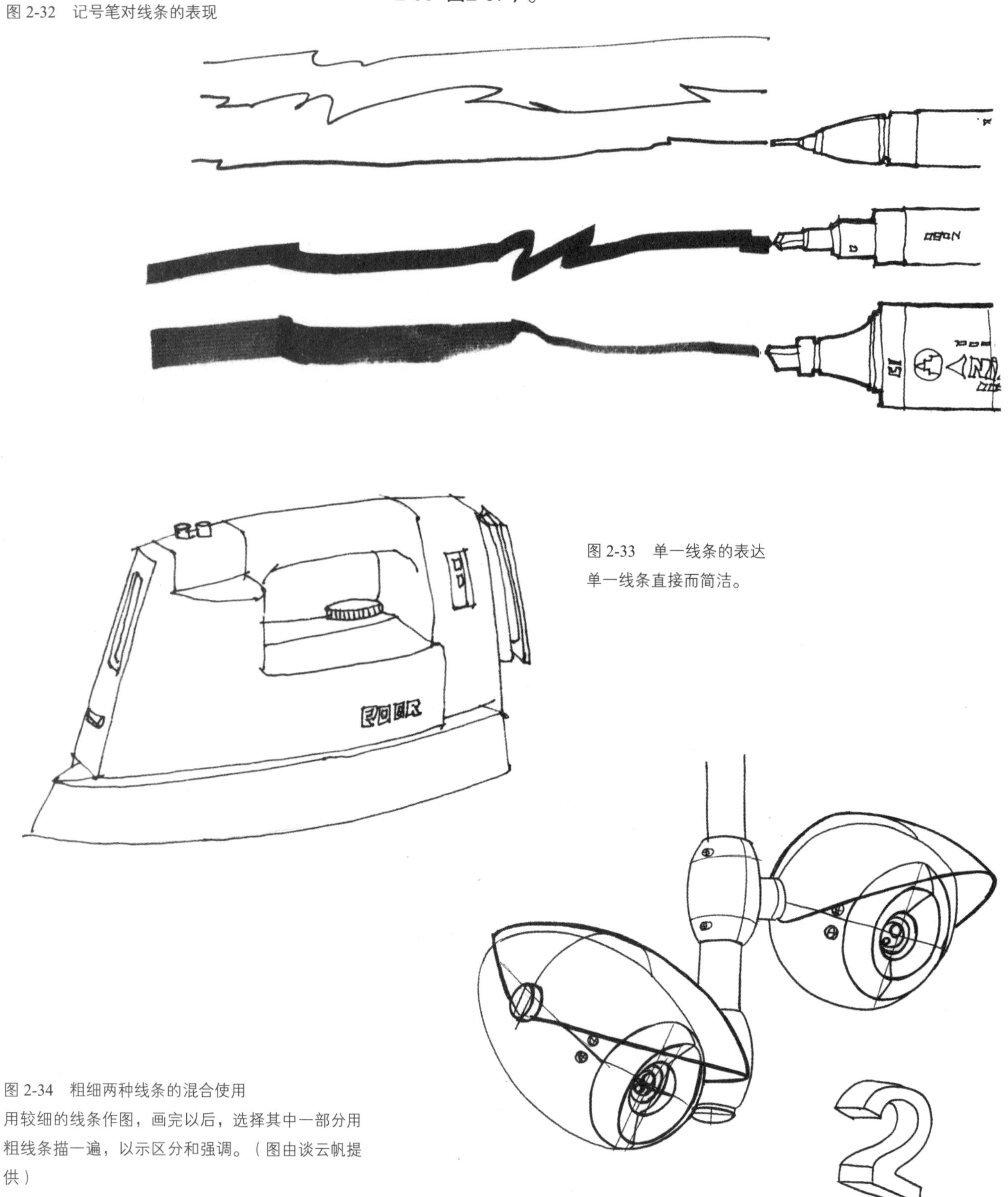

图 2-32　记号笔对线条的表现

图 2-33　单一线条的表达
单一线条直接而简洁。

图 2-34　粗细两种线条的混合使用
用较细的线条作图，画完以后，选择其中一部分用粗线条描一遍，以示区分和强调。（图由谈云帆提供）

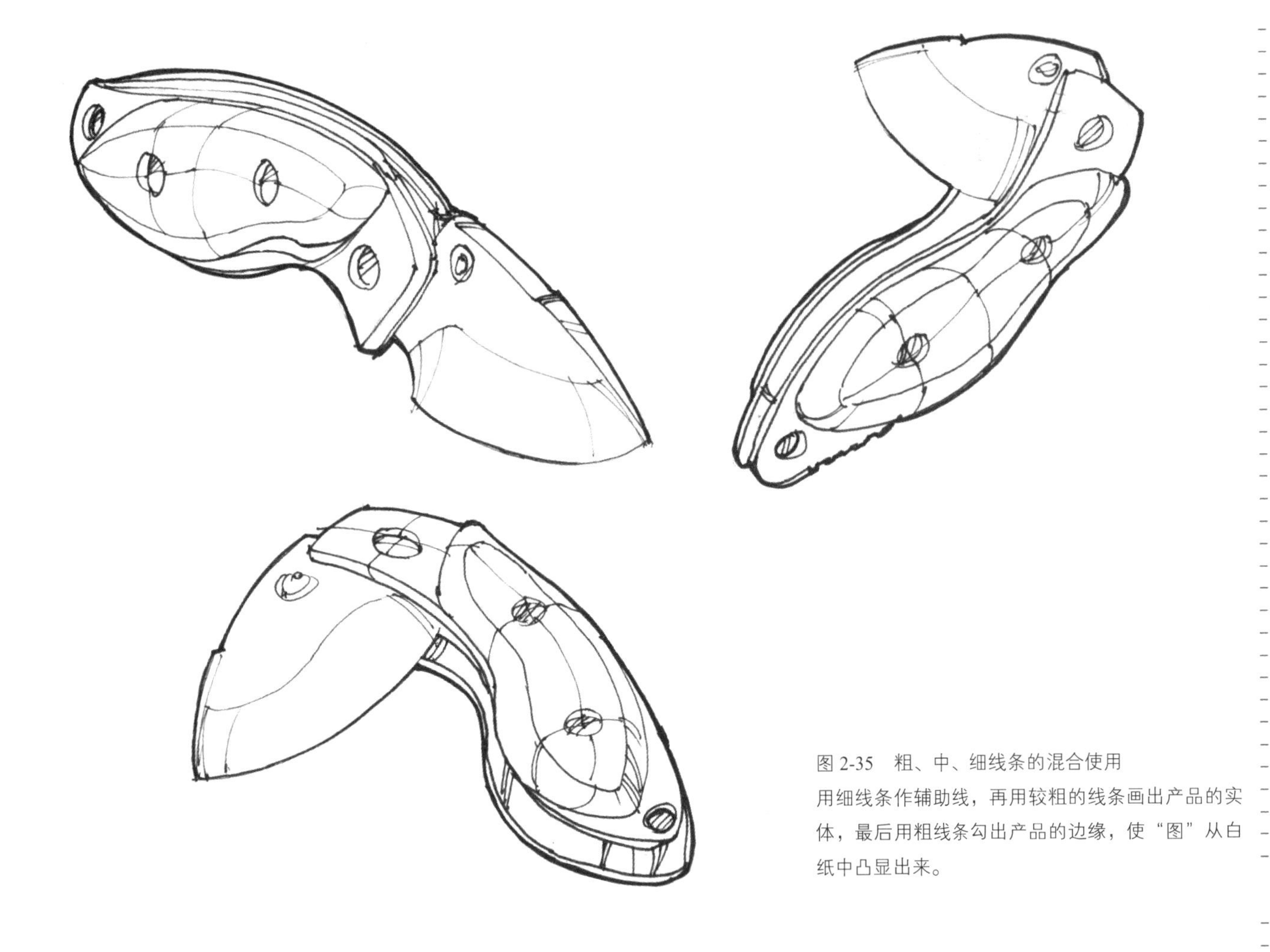

图 2-35　粗、中、细线条的混合使用

用细线条作辅助线，再用较粗的线条画出产品的实体，最后用粗线条勾出产品的边缘，使“图”从白纸中凸显出来。

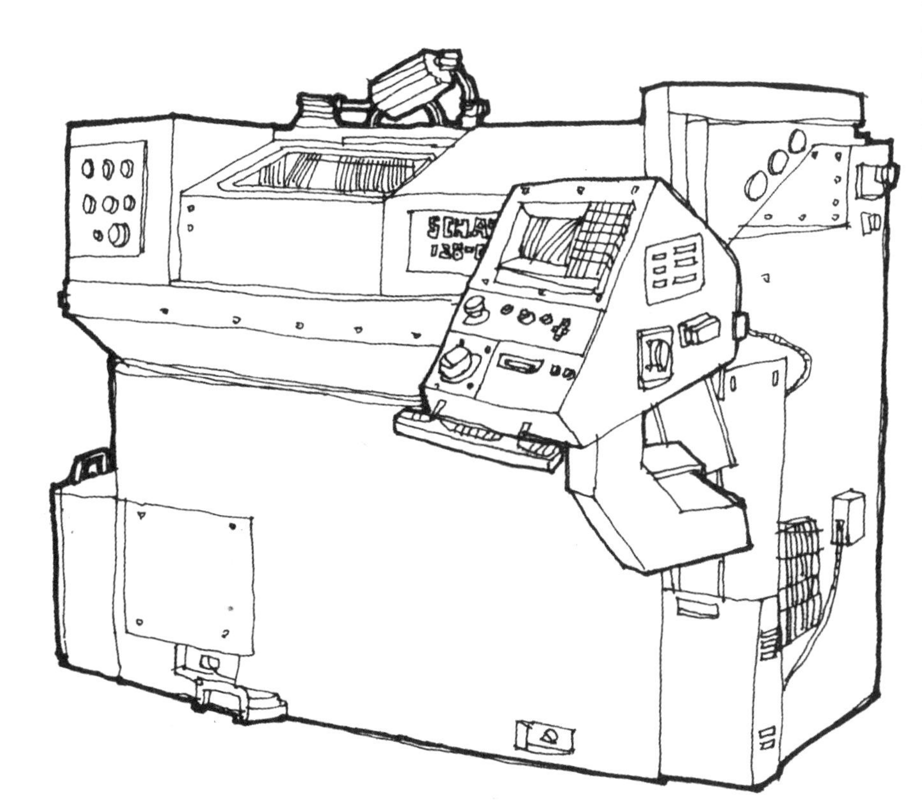

图 2-36　粗、细线条的混合使用

用细线条画实体，粗线条勾外轮廓。细线条可以较好地处理形体中的细节部分，更多地传递设计信息；粗的外轮廓线则进一步肯定了形体的边缘，提升了物体的重量感。在一些大形体的描绘中，不妨加强粗细线条之间的对比，使得作品更有分量感。

图 2-37　粗细线条的混合使用
用很粗的线条处理物体的影子，简单而又有效果。

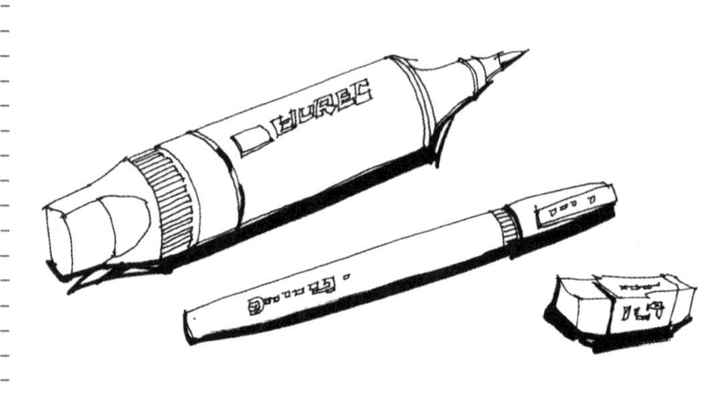

线描速写笔法质朴，语言简练，线几乎成了唯一的表现手段，因此，线的处理就成了一个很重要的问题。作图时，除了需要推敲线条的各种变化，如长短、粗细、曲直、疏密、轻重、刚柔等，最重要的是要用线条尽可能地表现出物体的体积感。仔细观察物体就可以知道，即使很细微的物体也都有一定的形状和厚度，忽略这些微小的变化，作品就会显得单调、粗糙、缺乏细部、无实体感。所以在作图时，如果遇到一些极薄、极小的物体，要么干脆忽略掉，要么只要出现在画面上，就要尽可能考虑该物体的体积和质量（图2-38、图2-39）。

线描速写关于体积的一些技巧和练习可见图2-40~图2-42。

图 2-38　物体的体积感

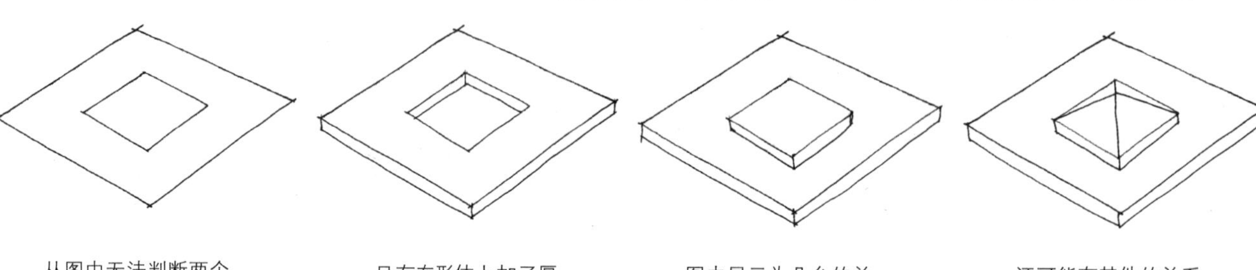

从图中无法判断两个菱形相互之间的关系

只有在形体上加了厚度，才能体现出体积感和形体间的关系。图中显示为凹孔的关系

图中显示为凸台的关系

还可能有其他的关系

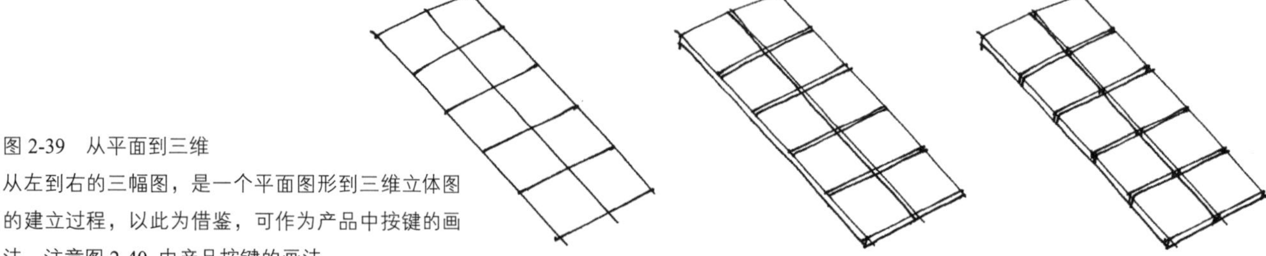

图 2-39　从平面到三维
从左到右的三幅图，是一个平面图形到三维立体图的建立过程，以此为借鉴，可作为产品中按键的画法。注意图 2-40 中产品按键的画法。

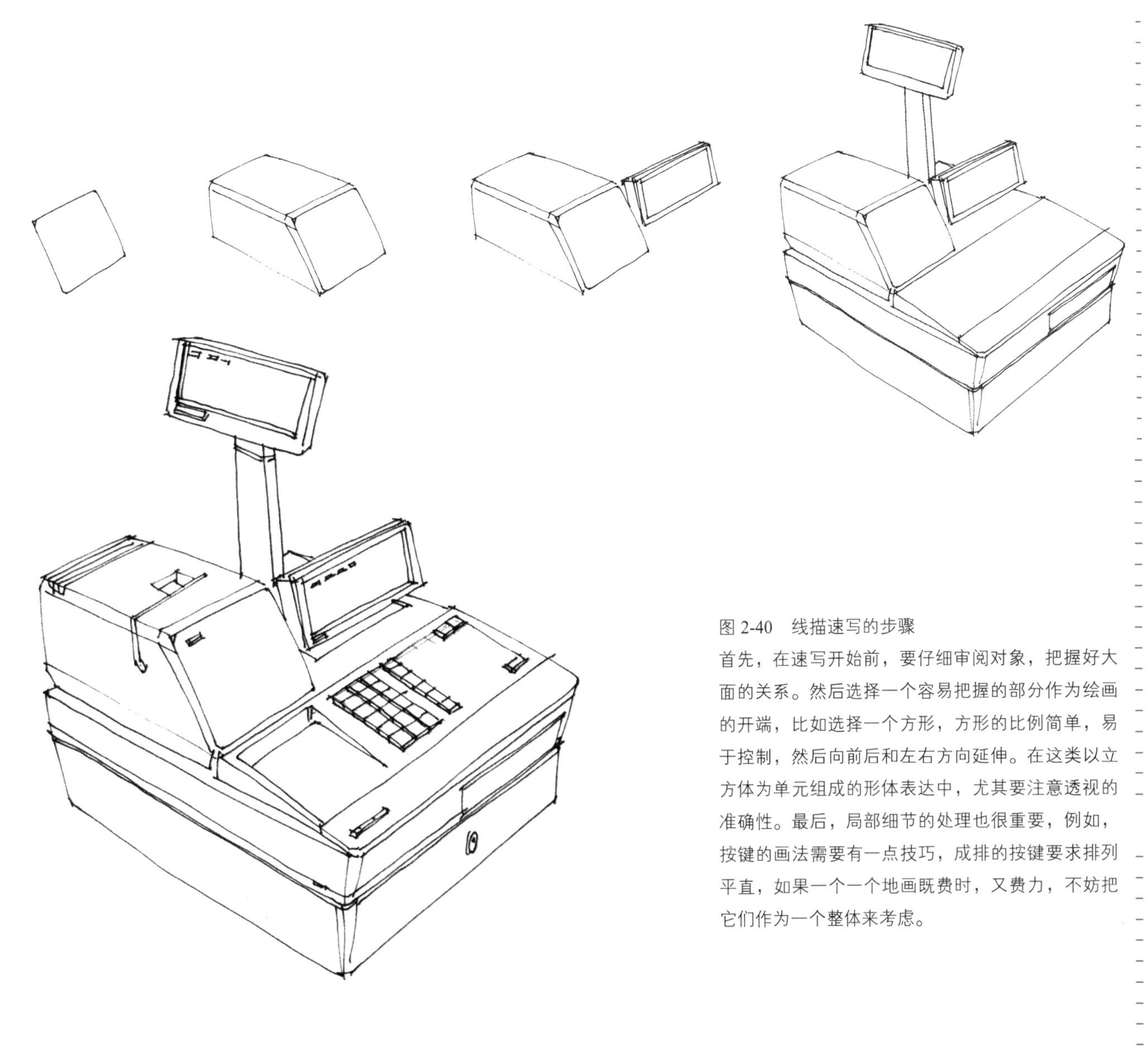

图 2-40　线描速写的步骤

首先，在速写开始前，要仔细审阅对象，把握好大面的关系。然后选择一个容易把握的部分作为绘画的开端，比如选择一个方形，方形的比例简单，易于控制，然后向前后和左右方向延伸。在这类以立方体为单元组成的形体表达中，尤其要注意透视的准确性。最后，局部细节的处理也很重要，例如，按键的画法需要有一点技巧，成排的按键要求排列平直，如果一个一个地画既费时，又费力，不妨把它们作为一个整体来考虑。

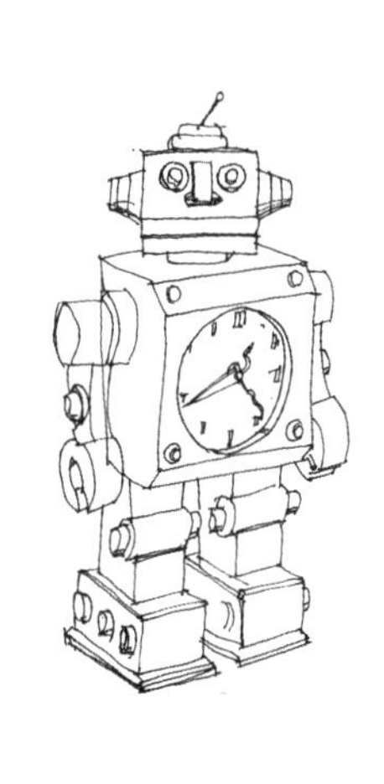

图 2-41　繁杂对象的描绘

一些看似复杂的对象，只要做好分析，抓住正确的切入点，就可以化繁为简，轻松地把对象描绘出来。

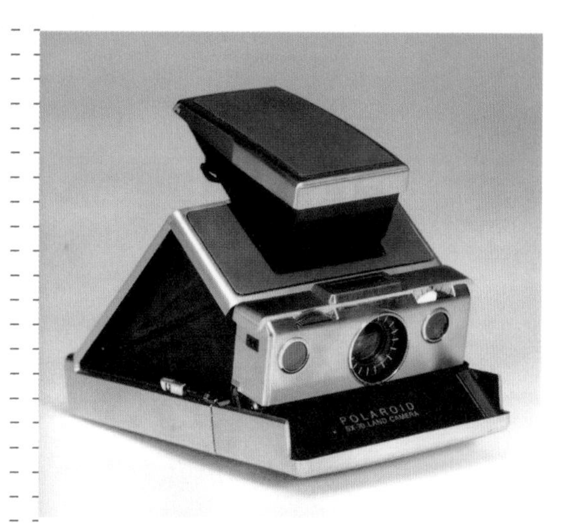

图 2-42　设计速写的练习

学习设计速写，初学者可以根据自己的绘画程度，有选择地挑选一些难度适中的图片进行练习。开始时可以对着图片分析对象的形体构成，然后尝试用不同的方法画出线描图。经过反复练习，做到能正确表达出形体和透视，同时使线条流畅起来。

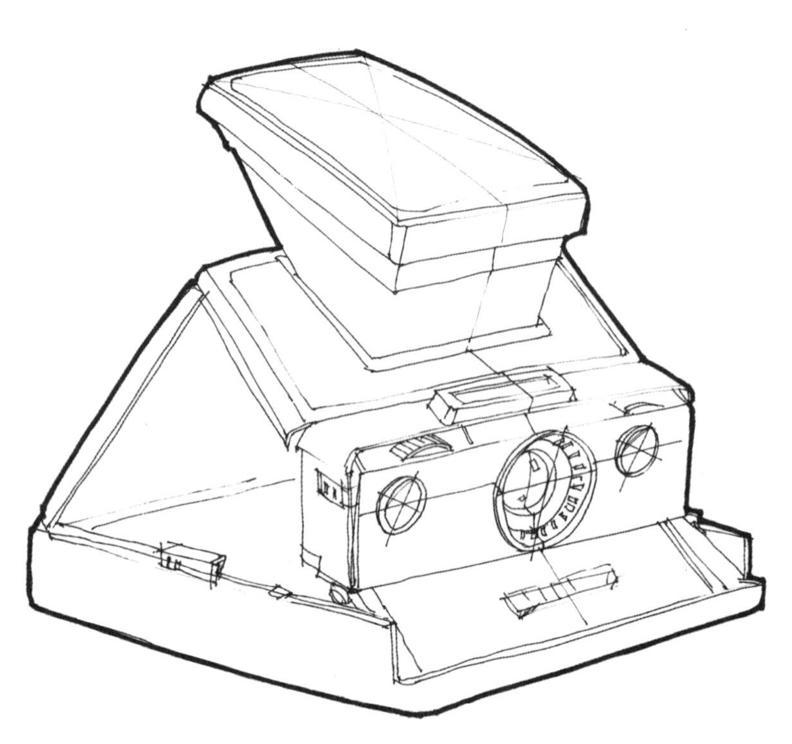

在进行产品设计速写时，可以研究学习一些实用的技巧，这些技巧有的能够帮助设计师节约作画时间，有的能够增强设计表达的画面效果（图2-43~图2-49）。

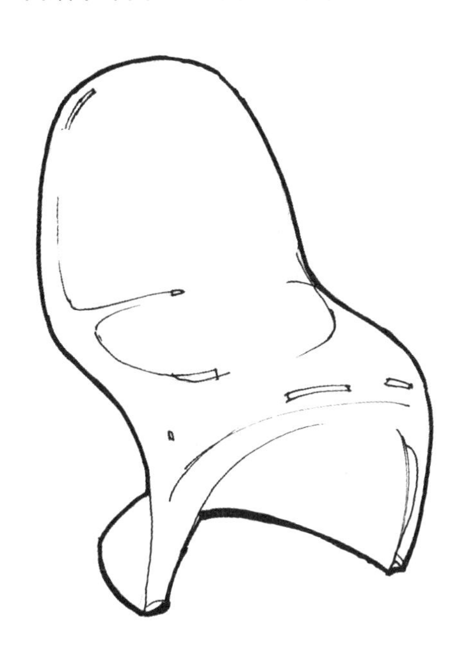

图 2-43　速写中的加法

在画一些大圆弧的物体时，有时候无法找到物体内部的转折点和转折线，需要添加一些起辅助作用的高光和假想线，以此来表达物体的结构。例如，图中的座椅使用一块塑料成型，全部采用大圆弧过渡，此时可以根据自己的理解，添加一些假定的辅助线来帮助表现形体。

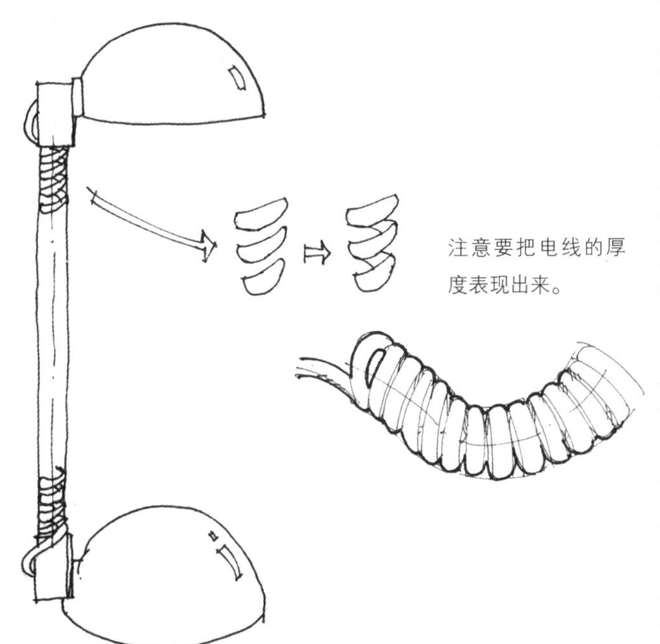

图 2-44　速写中的减法

作品中一些重复表达的结构只需画出其中的小部分，其余的用点画线、细线等画出大体轮廓，以示省略即可。图中台灯所示的电线部分就是用这种方法表示的。

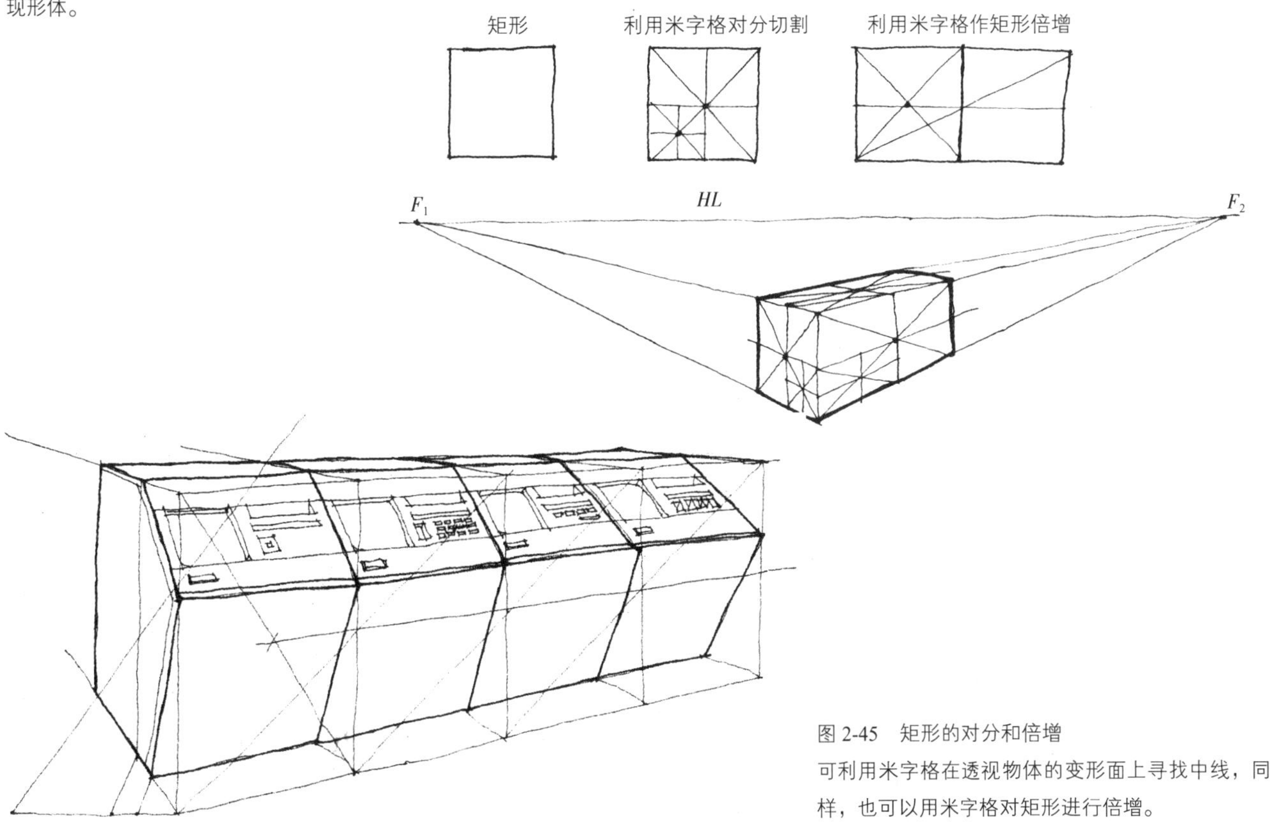

图 2-45　矩形的对分和倍增

可利用米字格在透视物体的变形面上寻找中线，同样，也可以用米字格对矩形进行倍增。

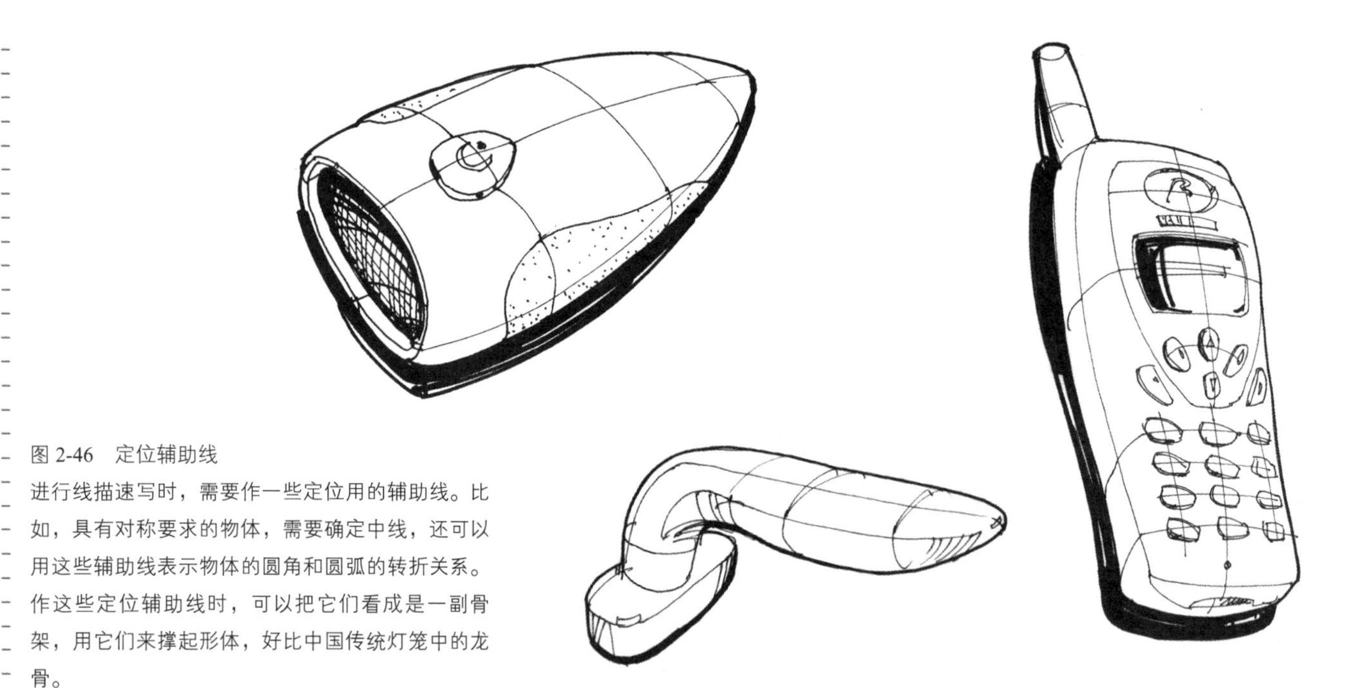

图 2-46　定位辅助线

进行线描速写时，需要作一些定位用的辅助线。比如，具有对称要求的物体，需要确定中线，还可以用这些辅助线表示物体的圆角和圆弧的转折关系。作这些定位辅助线时，可以把它们看成是一副骨架，用它们来撑起形体，好比中国传统灯笼中的龙骨。

图 2-47　点和线组成的图案

各种形式的点和线，它们的排列组成了多种多样的图案，虽然很简单，却可以给产品带来材料的质感、织物的图案等，以及其他很多有趣的效果。

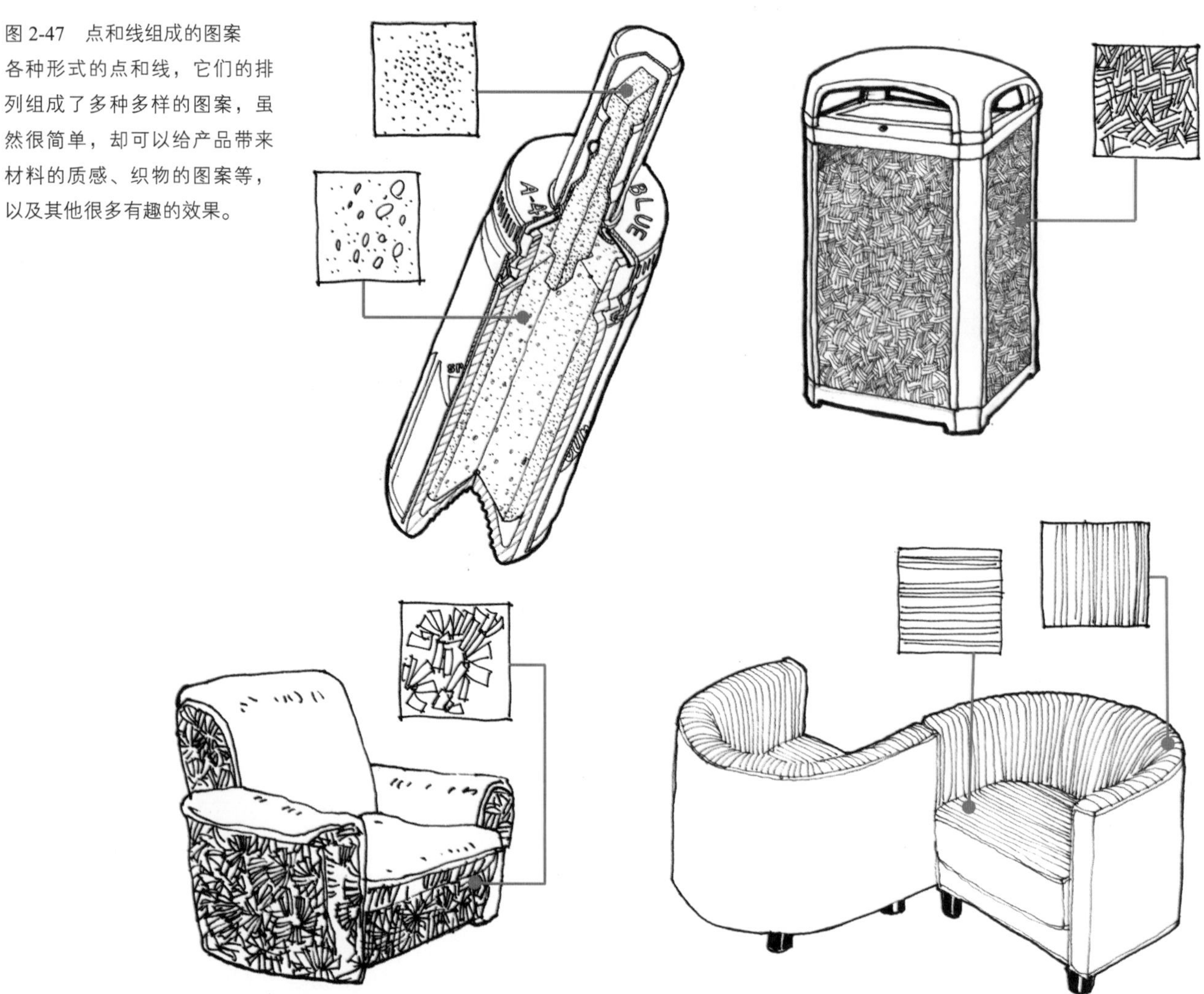

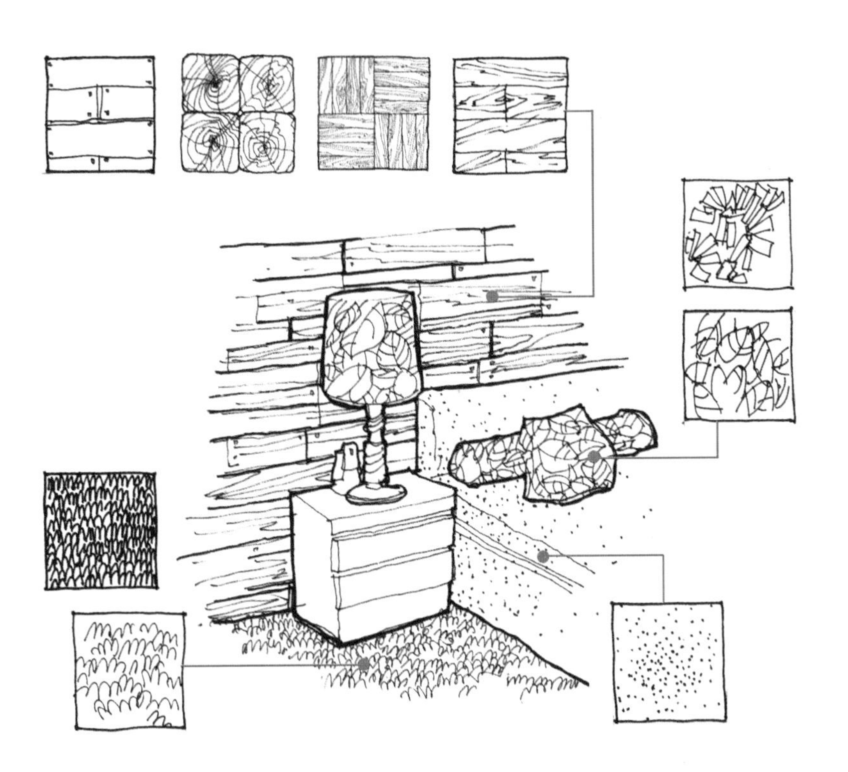

图 2-48　点和线组成的各种材料、图案和纹饰

图 2-49　室内餐饮空间环境设计
速写稿中用不同的笔触描述材料，再用这些材料的组合构成空间。

第三章　素描速写

第一节　光影关系

不论是自然光源还是人工光源，只有有了光，眼睛才能看到物体，只有在光源的照射下，物体和空间才会产生明暗。就一般常识而言，物体明暗的基本法则如下：

1）物体的明亮部(向光部分)是光源直射处。

2）物体的阴暗部(背光部分)是光源照射不到之处。

这种物体光影的基本关系如何通过素描的形式表达出来并反映在纸面上，是素描速写将要研究的。

广义的素描，泛指一切单色的绘画。素描的表现形式舍弃了描绘对象的色彩关系，只用单一颜色的明暗关系描绘物体的形态、结构、空间和质感，从某种角度而言，线描也是一种素描形式。顾名思义，素描速写是基于灰色调子的一种速写形式（图3-1~图3-6）。希望学习者在学习过程中能够研究这种表达形式，把握物体的光影关系，提高对素描的理解和操作能力，为后续色彩速写的学习打好基础。

图 3-1　人体素描

西方文艺复兴时代的大师们的人体素描作品已经具有相当高的水平。

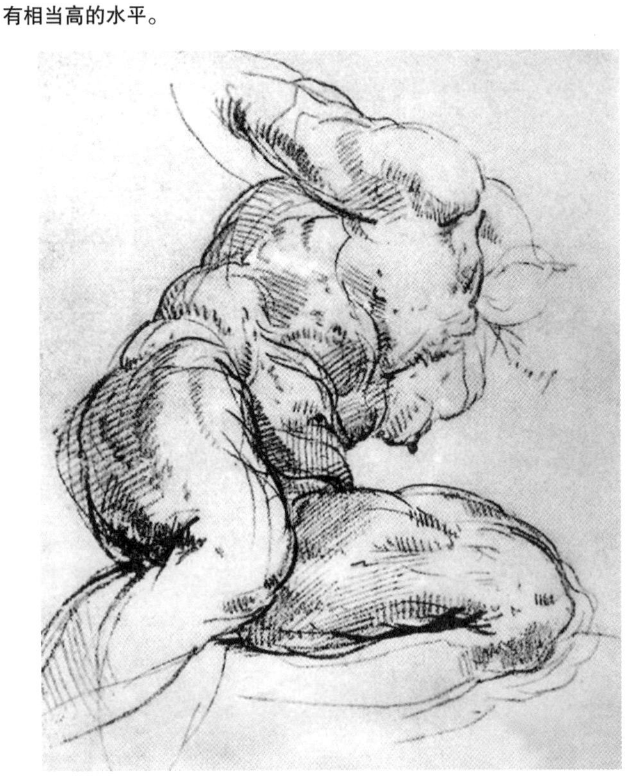

图 3-2　人物素描

德加（1834—1917）擅长描画瞬间的印象，主张靠记忆作画。他的作品经常保持着对观察对象的第一印象，温暖、轻快、毫不造作。德加常用彩色粉笔把那些芭蕾舞演员描画得极为生动。

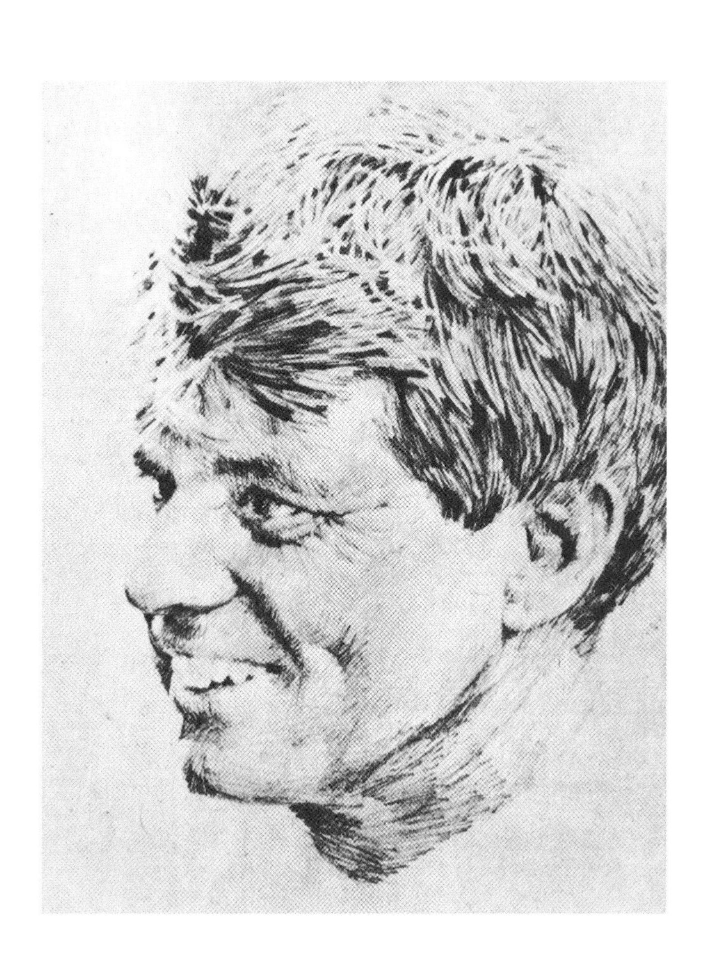

图 3-3　人物头像素描（鲍尔•考尔）

从技术角度而言，素描描绘反映了对象的光影关系，因此，画家们对物体明暗的理解和把握都要极其精到。

图 3-4　用针管笔作的建筑风景素描速写

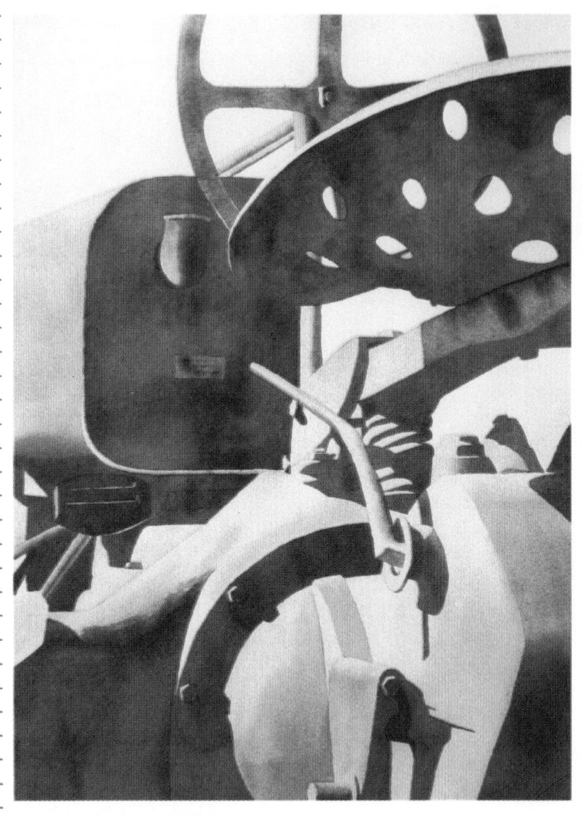

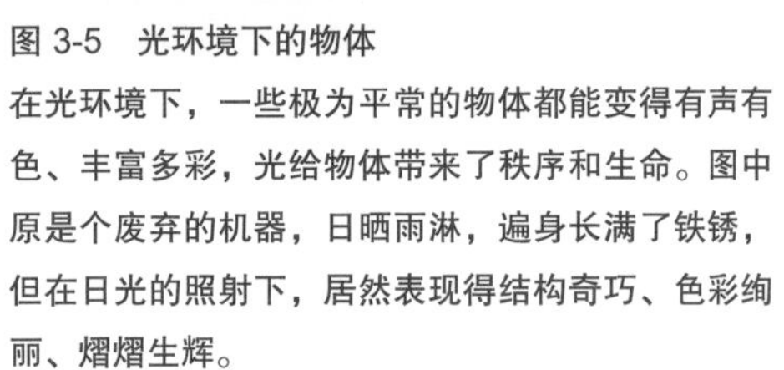

图 3-5　光环境下的物体
在光环境下，一些极为平常的物体都能变得有声有色、丰富多彩，光给物体带来了秩序和生命。图中原是个废弃的机器，日晒雨淋，遍身长满了铁锈，但在日光的照射下，居然表现得结构奇巧、色彩绚丽、熠熠生辉。

图 3-6　石膏素描
一组石膏几何体在光源照射下，体现了丰富的明暗层次，分析这些关系，把握好各个部分的明暗调子，是研究素描的关键所在。

物体在光的照射下产生了丰富的明暗层次关系，这些关系可归纳为所谓的“三面五调”规律。物体在光的照射下，呈现出不同的明暗关系，受光的一面叫做亮面，背光的一面叫做暗面，亮、暗之间的过渡面叫做灰面，亮面、灰面、暗面通称为“三面”。在三大面中，根据受光的强弱不同，还有很多明显的区别。调子即是指画面上不同明度的黑白层次。除亮面的亮调、灰面的灰调和暗面的暗调之外，暗面由于环境的影响而出现“反光”，在灰面与暗面交界的地方，它既不受光源的照射，又不受反光的影响，因此形成了一条最暗的线，叫做“明暗交界线”，亮调、灰调、暗调、反光、明暗交界线通称为“五调”（图3-7）。素描速写中，掌握物体明暗调子的基本规律非常重要，但在绘画的过程中，不能仅仅局限于这五个调子，实际的情况可能更复杂，也可能处理起来更简单（图3-8、图3-9），但在初学时，起码要把这五个调子理解和把握好，在画面中树立起调子的整体感。“三面”和“五调”表现好了，作品就会呈现出物体的质感，给人的感觉就会更真实。

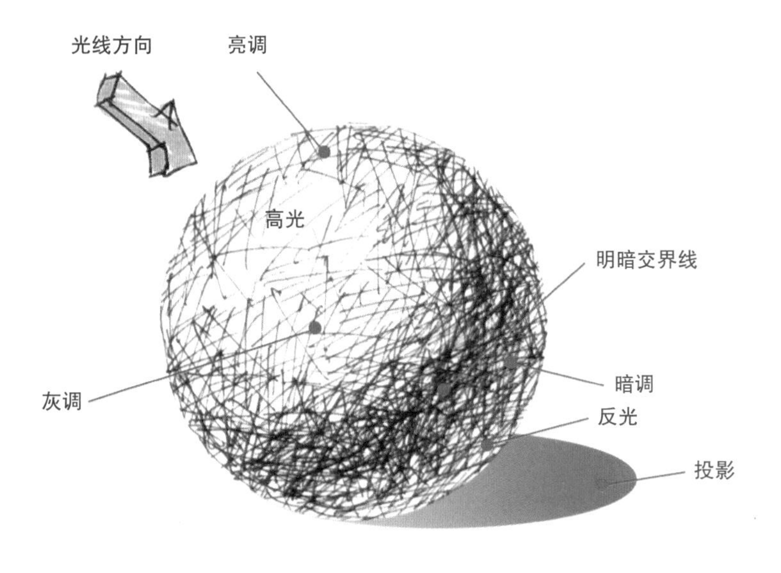

图 3-7　素描的五调

一个物体放在光源下，它的表面可分成受光面和背光面两部分，从画面上看，受光部分可分成亮调、灰调（中间层次），而背光部分则可分为暗调、明暗交界线和反光三部分，这就是所说的五调。

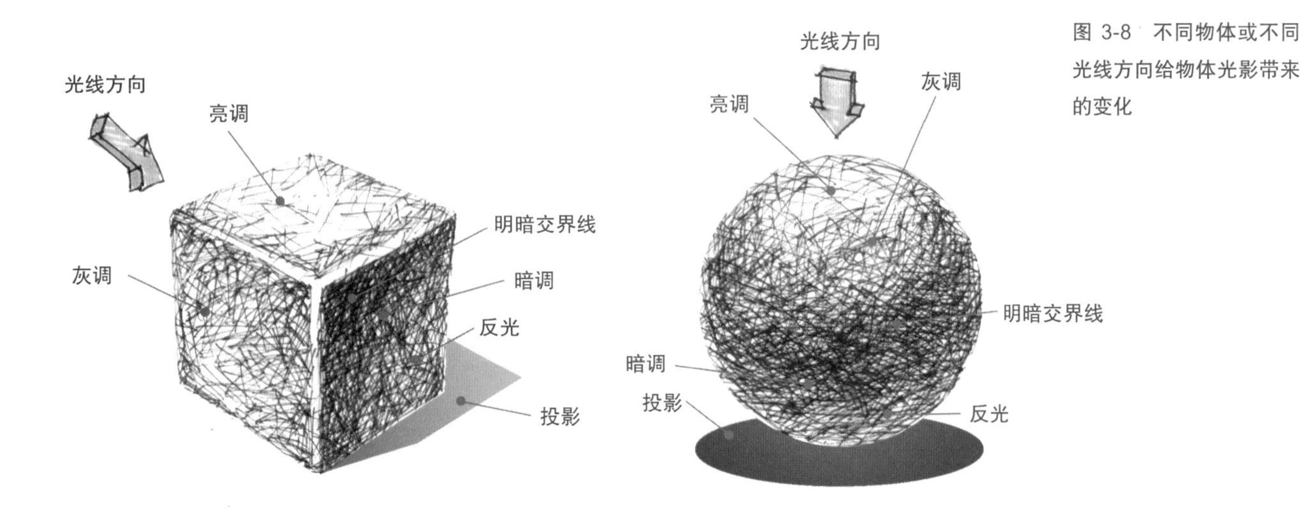

图 3-8　不同物体或不同光线方向给物体光影带来的变化

图 3-9　球体在不同角度光线的照射下产生的明暗变化

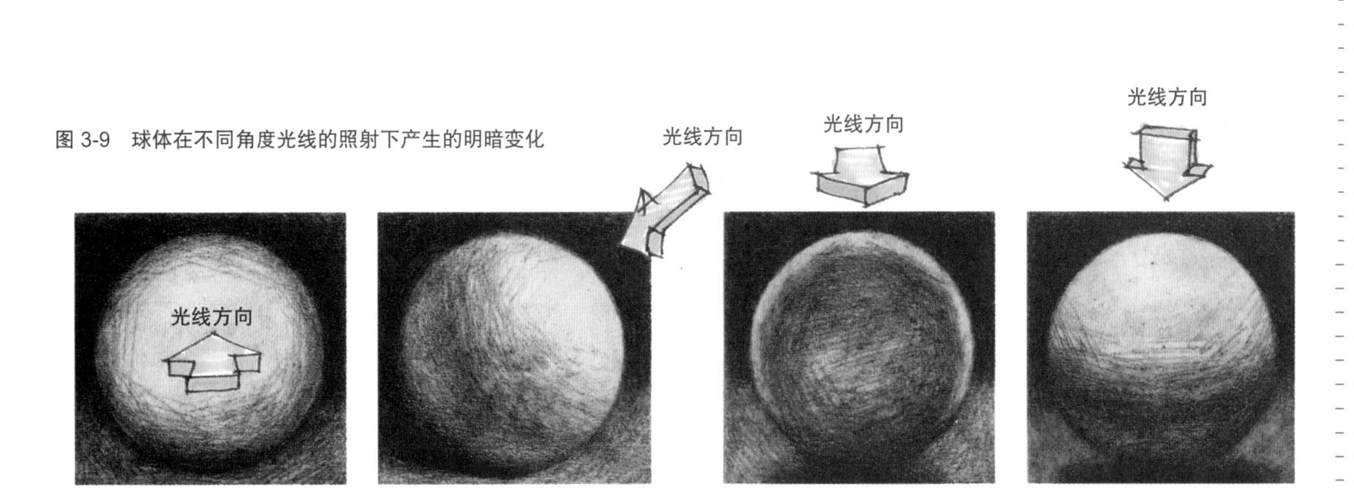

假设有一个理想光源（所谓理想光源就是单一、平行、无强弱变化的光线，如太阳光），用类似摄影中“侧光”的方式照射在物体上，这种“侧光”，可以把它定义成为从上往下、从左往右（或从右往左）、从前往后照射的光源。受侧光照射的物体，有明显的亮暗面和投影，对物体的立体形状和质感有较强的表现力（图3-10）。

光线和物体的相对位置决定了物体的受光情况，物体各部分距光线的远近有明显关系，朝向光线的面离光线越近越亮；光线的入射角度也影响物体各个面的明暗变化，朝向光线的面与光线越接近垂直越亮。从立方体和圆柱体的水平投影图（图3-11）中可以看到，光线和物体相交的节点就是所谓的明暗交界点，交界点的左边是物体的亮部，而交界点的右边是物体的暗部，明暗交界点转化到相应的立体透视图上就是明暗交界线。

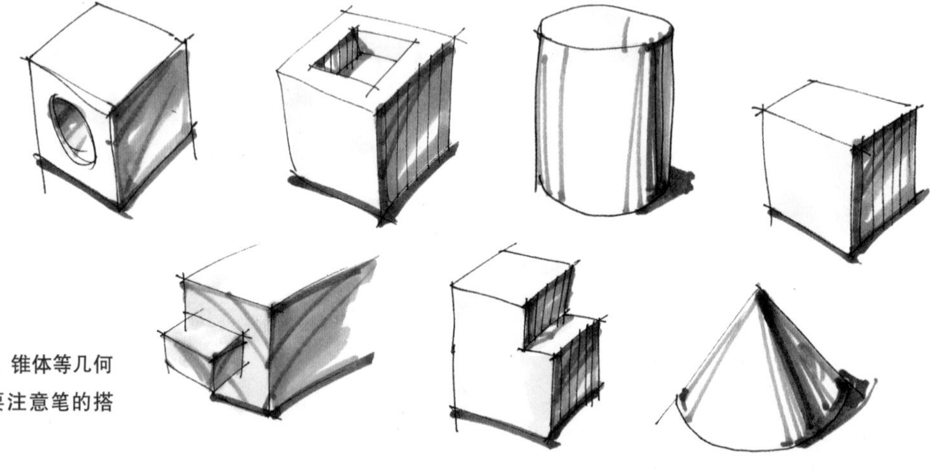

图 3-10　几何体的调子练习
尝试着用记号笔做各种矩形、圆柱体、锥体等几何形体的调子练习。在练习过程中，要注意笔的搭配，调子的取舍和明暗关系的简约化。

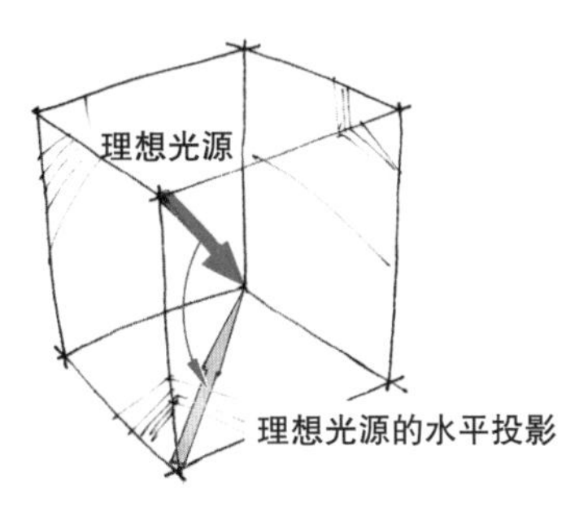

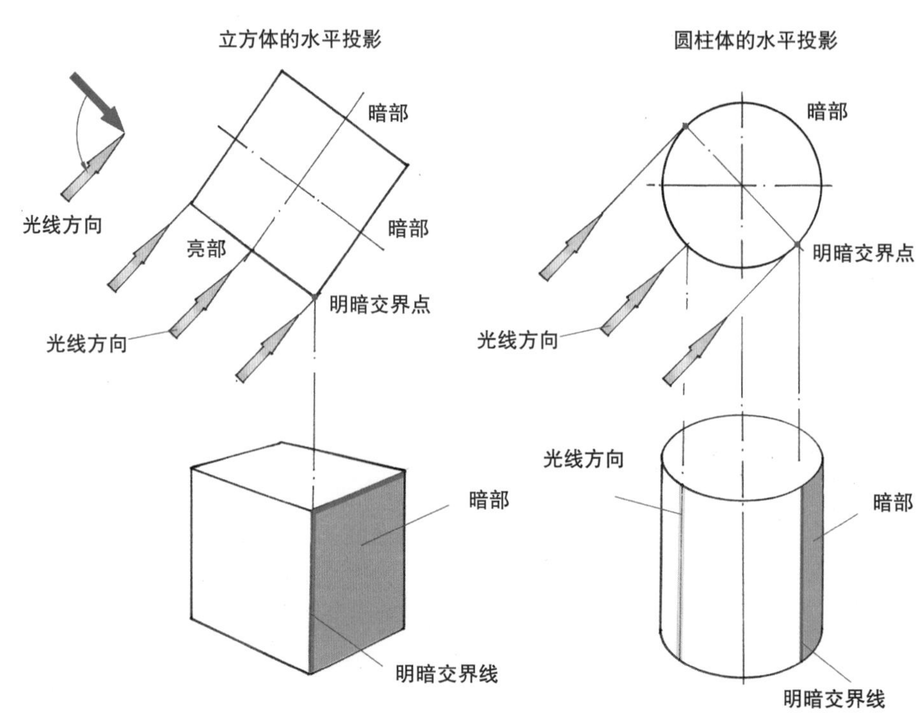

图 3-11　光影关系
红色箭头代表“理想光源”，黄色箭头是“理想光源”在水平面上的投影。在“理想光源”的照射下，可以很容易地分析物体的受光面和暗面，以及明暗交界线的所在位置。如果光线方向转移，明暗交界线也将随之变化。

"生活中的一切，无非是光和影，当你看到一束光线从窗户射进，你要立即想到其阴影，两者不是独立存在的。"（英国摄影家弗兰克•赫霍尔特）这里所说的"阴影"，阴指的是物体表面背光的阴暗部分，即"暗面"；由于一般物体是不透光的，故照射在阳面上的光线被物体挡住，使其在物体本身或在物体其他原本阳面上产生的阴暗部分，称为影子或影（图3-12、图3-13）。

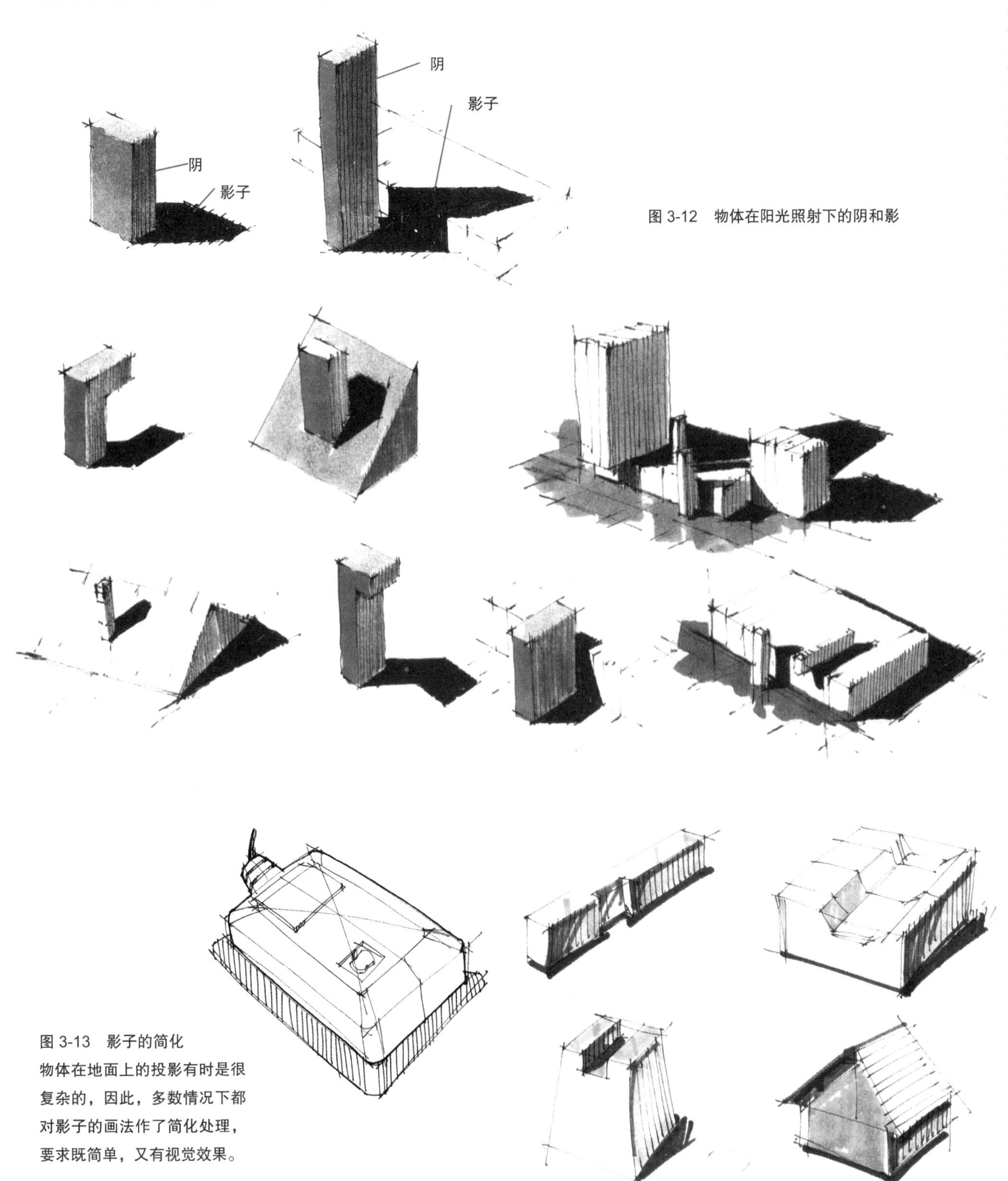

图 3-12　物体在阳光照射下的阴和影

图 3-13　影子的简化

物体在地面上的投影有时是很复杂的，因此，多数情况下都对影子的画法作了简化处理，要求既简单，又有视觉效果。

第二节　素描的层次和表达

素描是用明暗调子和层次来表现物体的空间效果的。素描速写用明暗塑造的方法，正确地概括出亮面、灰面和暗面三面，处理好亮调、灰调、明暗交界线、暗调和反光五大调，以满足和达到光影在物体上的表现效果。在素描速写的训练中，主要应该关注光和影相互之间的关系以及由此产生的黑白灰调子，关注明暗色调变化的节奏规律，增强立体观念与空间意识。

在素描速写中，明暗调子与层次主要是借助线条的组合与笔的深浅选择来决定的。首先，要了解绘图工具的特性和描绘对象的明暗层次之间的关系（图3-14），学习使用一些主要的设计速写笔，例如钢笔、铅笔和记号笔等，体验这些笔在作明暗层次处理时的表现力（图3-15～图3-18）；其次，素描速写要追求对描绘对象总体上的把握，三大面和五大调的关系是互相依存、互相统一、辩证的存在，要利用这些明暗调子统一画面、协调画面、控制画面的整体效果，同时，又不要被这些原则完全约束，要找到适合自身绘画条件的风格和方法；最后，要善于总结和归纳，力求操作简练。一组或一件物体受光照射时，它的调子层次是丰富多样的，对一个设计师而言，无论是绘图工具还是在时间上都存在局限，因此应该在理解的基础上学会提炼，将各种明暗层次简约到能够在现有绘图工具的控制状态下，使设计速写真正做到方便、快捷以及达到最好的效果（图3-19～图3-21）。

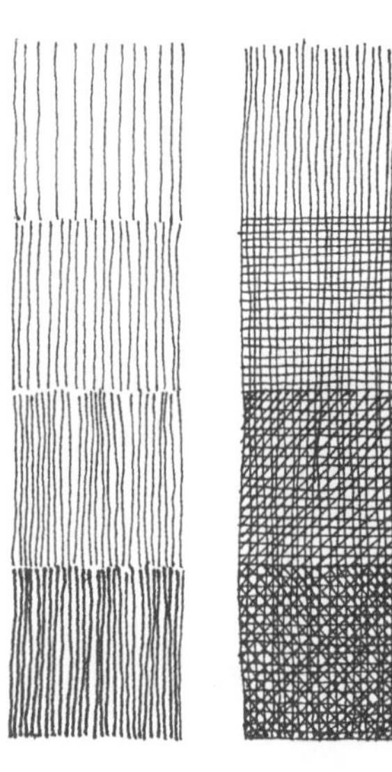
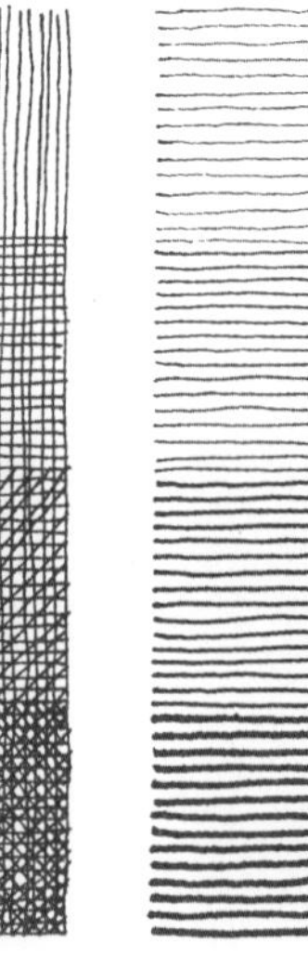
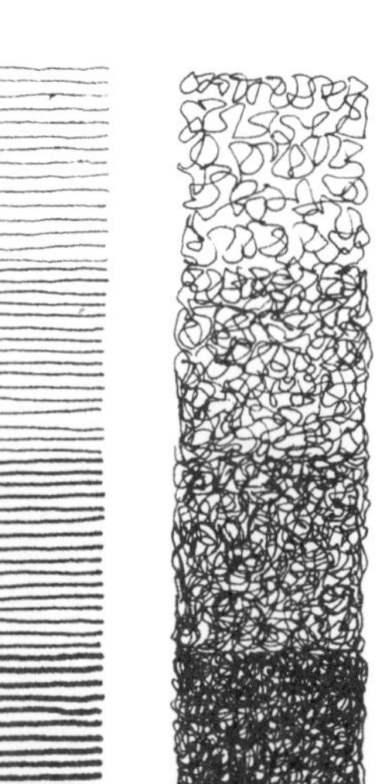
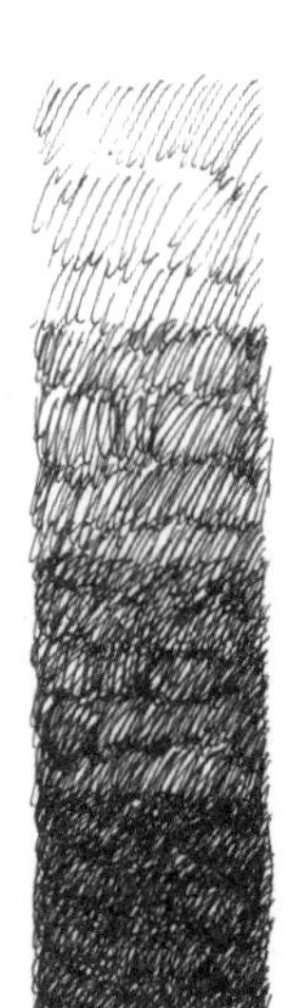
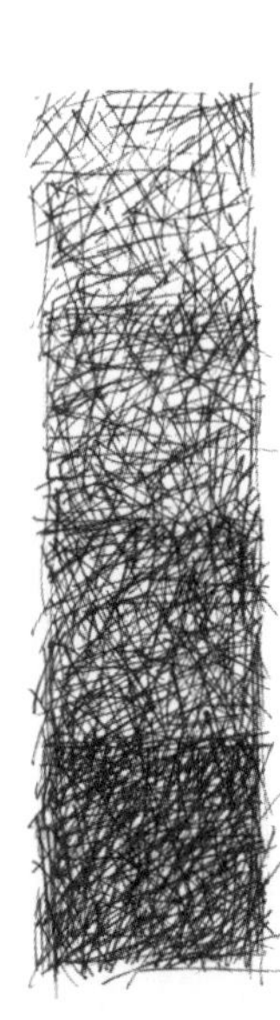

图 3-14　了解工具很重要
钢笔、签字笔之类的笔是用线条的排布和疏密来处理明暗层次的。

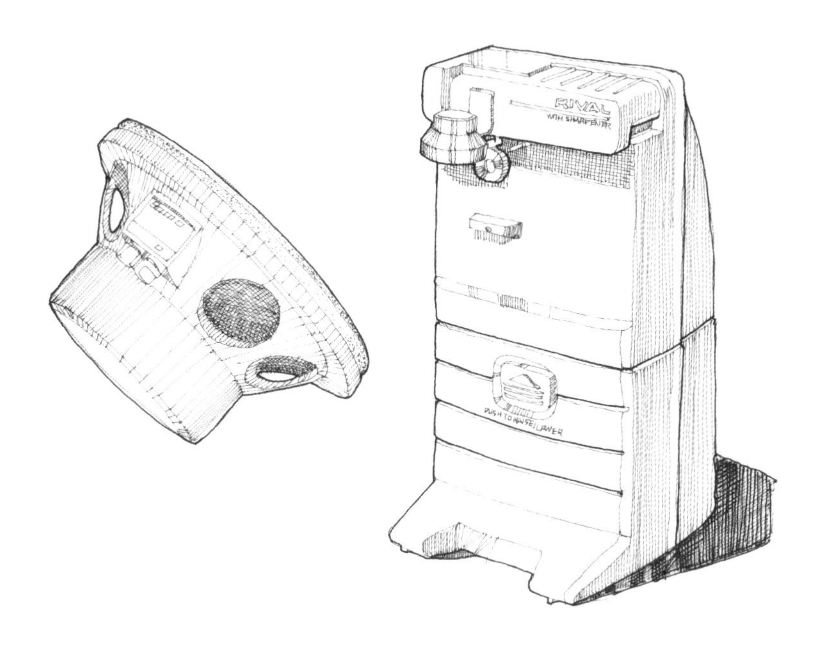

图 3-15　钢笔表现的明暗层次

钢笔和签字笔主要靠笔触排列的疏密来表达明暗层次，这种方法可以表达得十分细腻，但是需要投入比较多的时间去描绘。

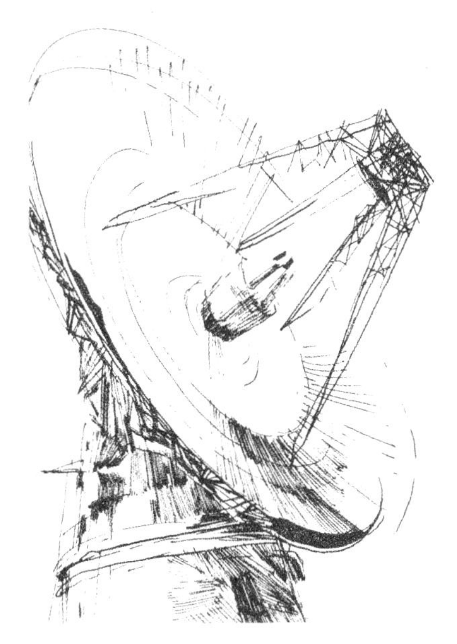

图 3-16　铅笔表现的明暗层次

左图为一通信工具的铅笔画构思草图。相比钢笔和签字笔，铅笔除了笔触相互叠加外，还可以用下笔的轻重来控制画面物体的明暗，而且在作图过程中还可以用橡皮进行修改。

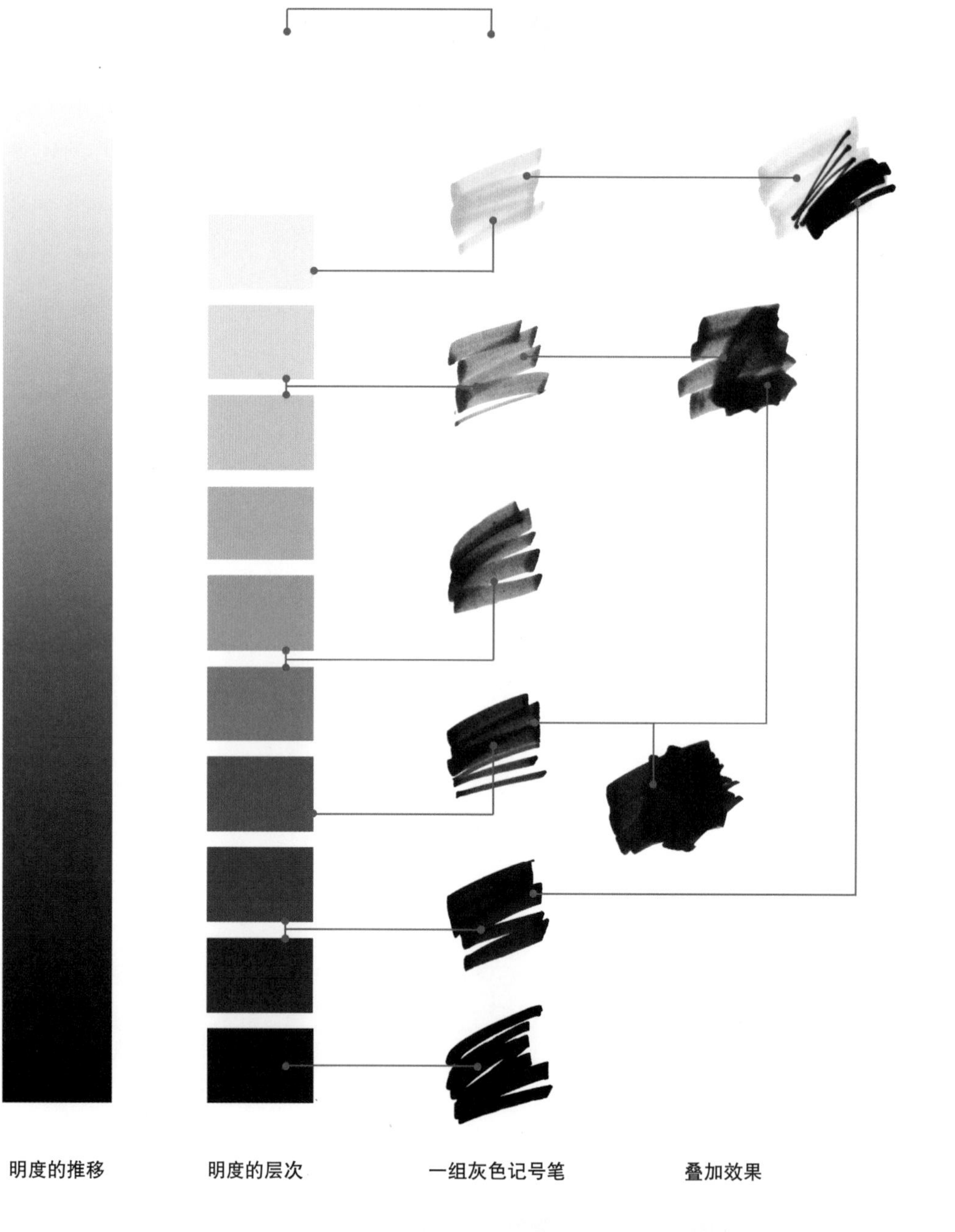

图 3-17　灰色系列记号笔表现的明暗层次

将明度分为若干个层次，一组灰系列的记号笔对应着这些层次，记号笔的色彩是透明的，因此还可以相互叠加，以增加明度层次。下图为使用冷灰色系列记号笔作的产品素描速写，所以有点偏蓝。

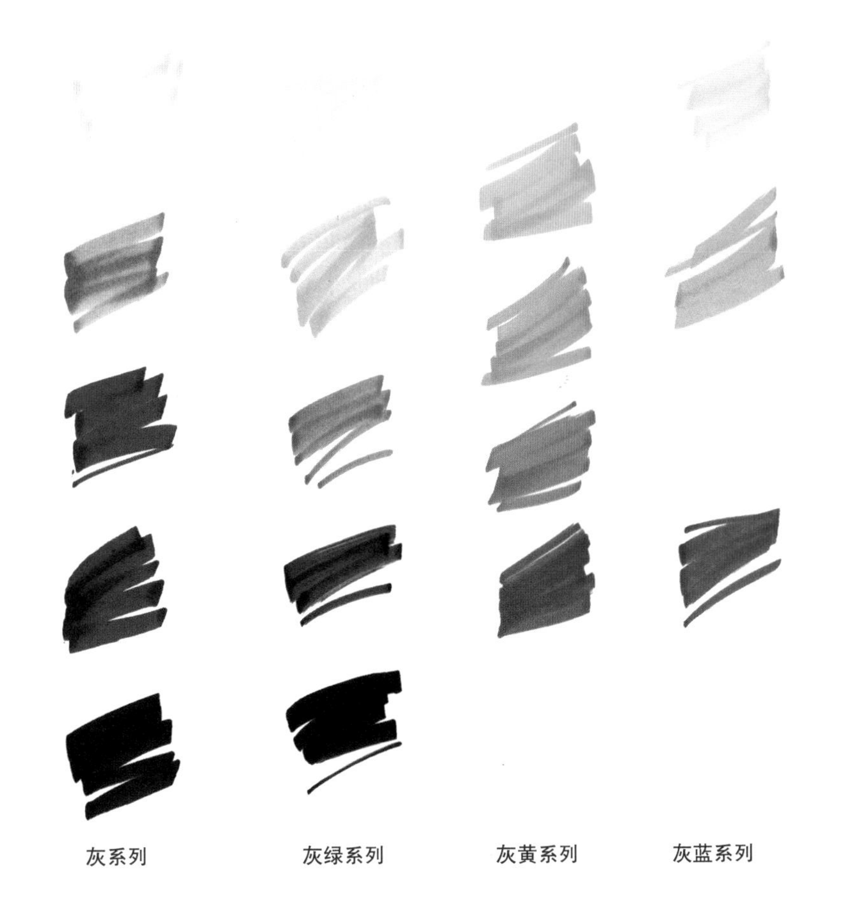

图 3-18　彩色系列记号笔表现的明暗层次

经过挑选的一组彩色记号笔系列也能产生若干个明度层次。

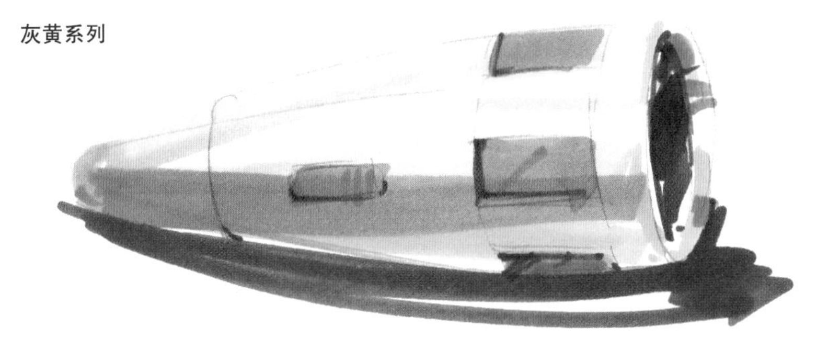

图 3-19　记号笔表现明暗层次实例

图为产品素描速写的过程和步骤，以供参考。

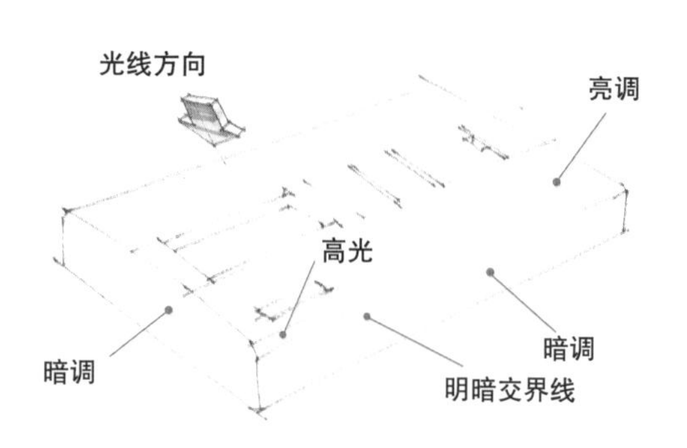

①用线画出产品的草图，确定光线的方向，大致区分出在该光线状态下产品的明暗分区。

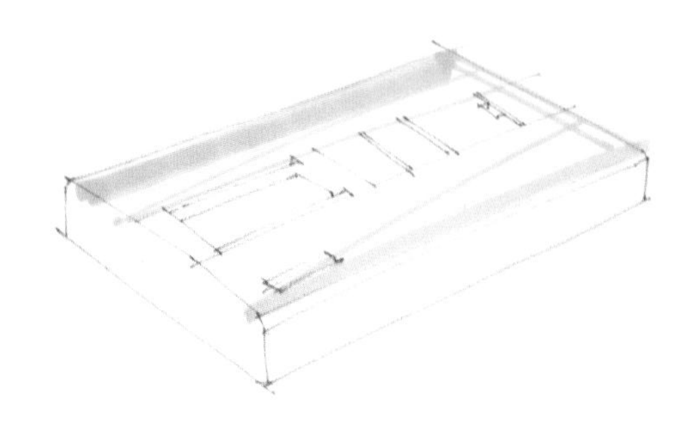

②用色调较浅的记号笔快速地画出产品的亮调，并尽可能留出高光部分。

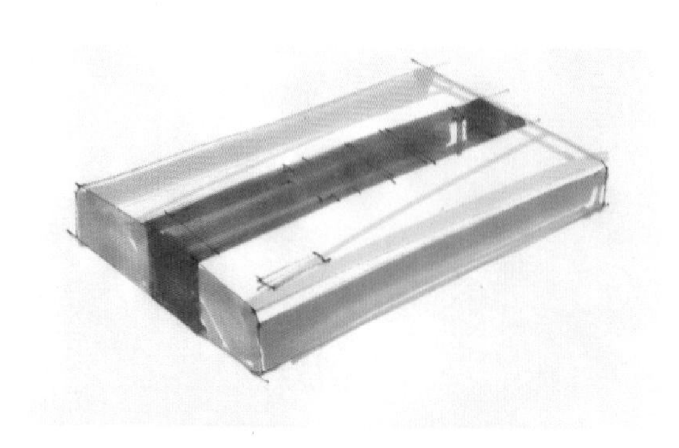

③用较深色调的记号笔画出产品中间的深色调部分和暗部。

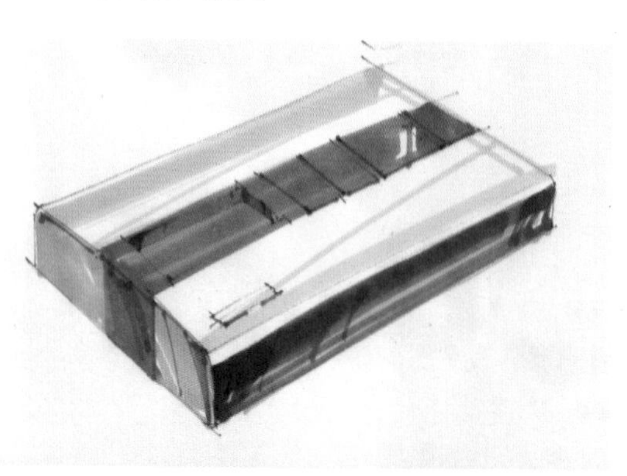

④用深色色调的记号笔画出产品的暗部，处理好明暗交界线。明暗交界线其实是一个区域，由很多面构成，所以画的时候应有的地方实一点，有的地方虚一点。

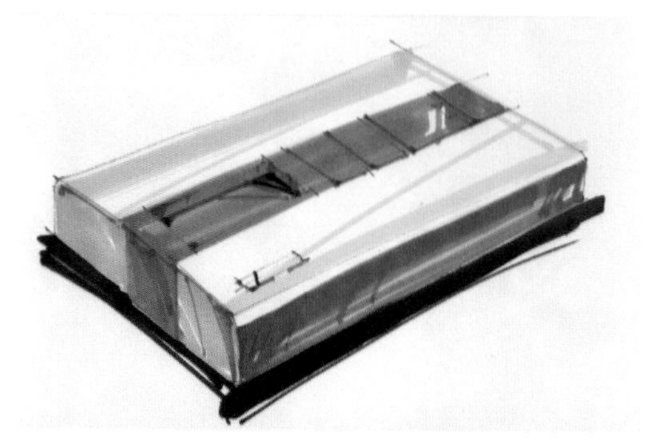

⑤加上阴影，处理细部，比如显示屏等。在上色过程中，要发挥记号笔的特点，落笔要快，干净利落，虽然可以重叠，但重叠不要过多，以免颜色发灰。

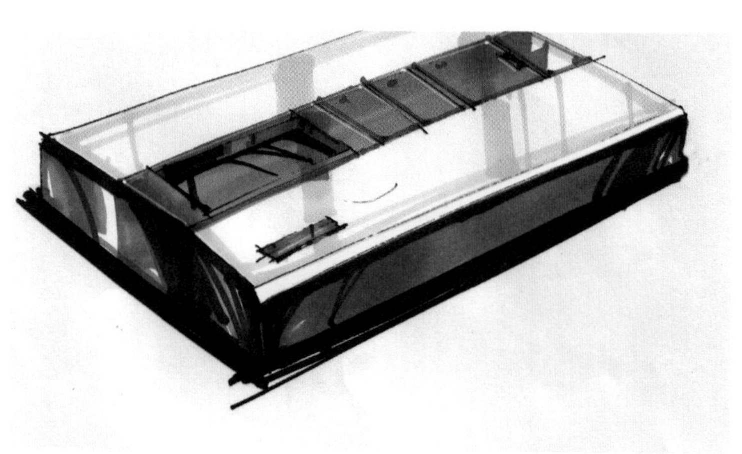

⑥用蓝色系列彩色记号笔完成的素描速写。

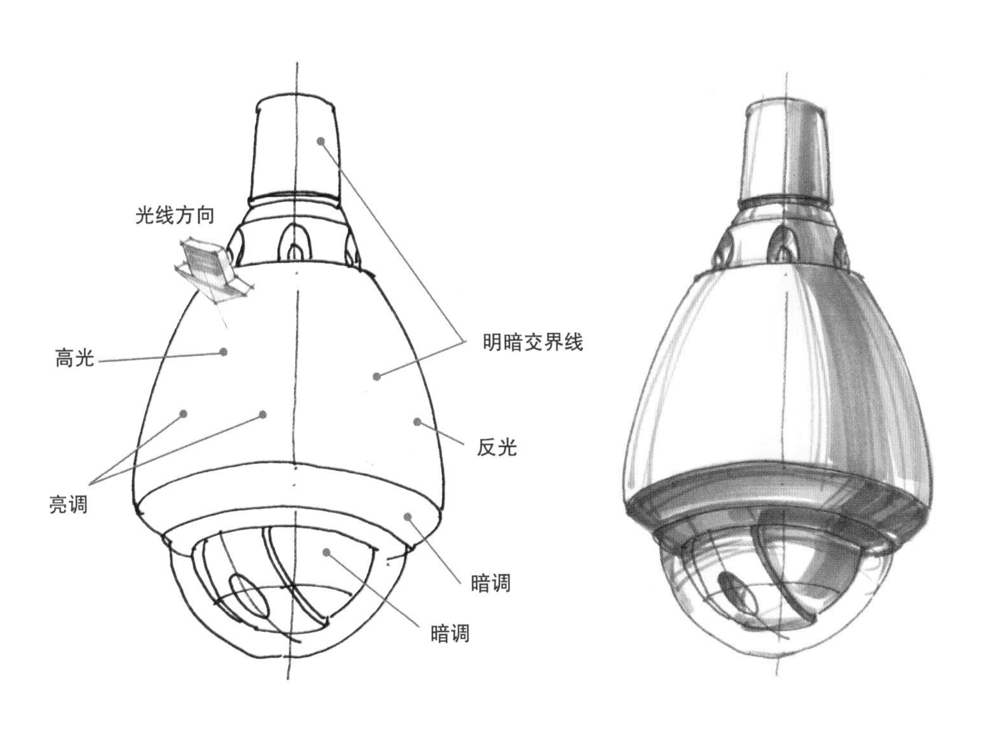

图 3-20　记号笔表现产品实例
依照对物体光影的分析，大致可以总结为以下四个步骤：定光线，分明暗，留高光，交界线。由于图中产品的形态是由一系列圆柱、圆锥组成的，所以在处理线条时，还要注意运笔的走势，线条的处理要加强圆的韵味，顺势而为。

图 3-21　一组产品素描速写（记号笔）
冷灰、暖灰系列记号笔产生的作品各有味道，依照个人的喜好和想要表现的对象而定。

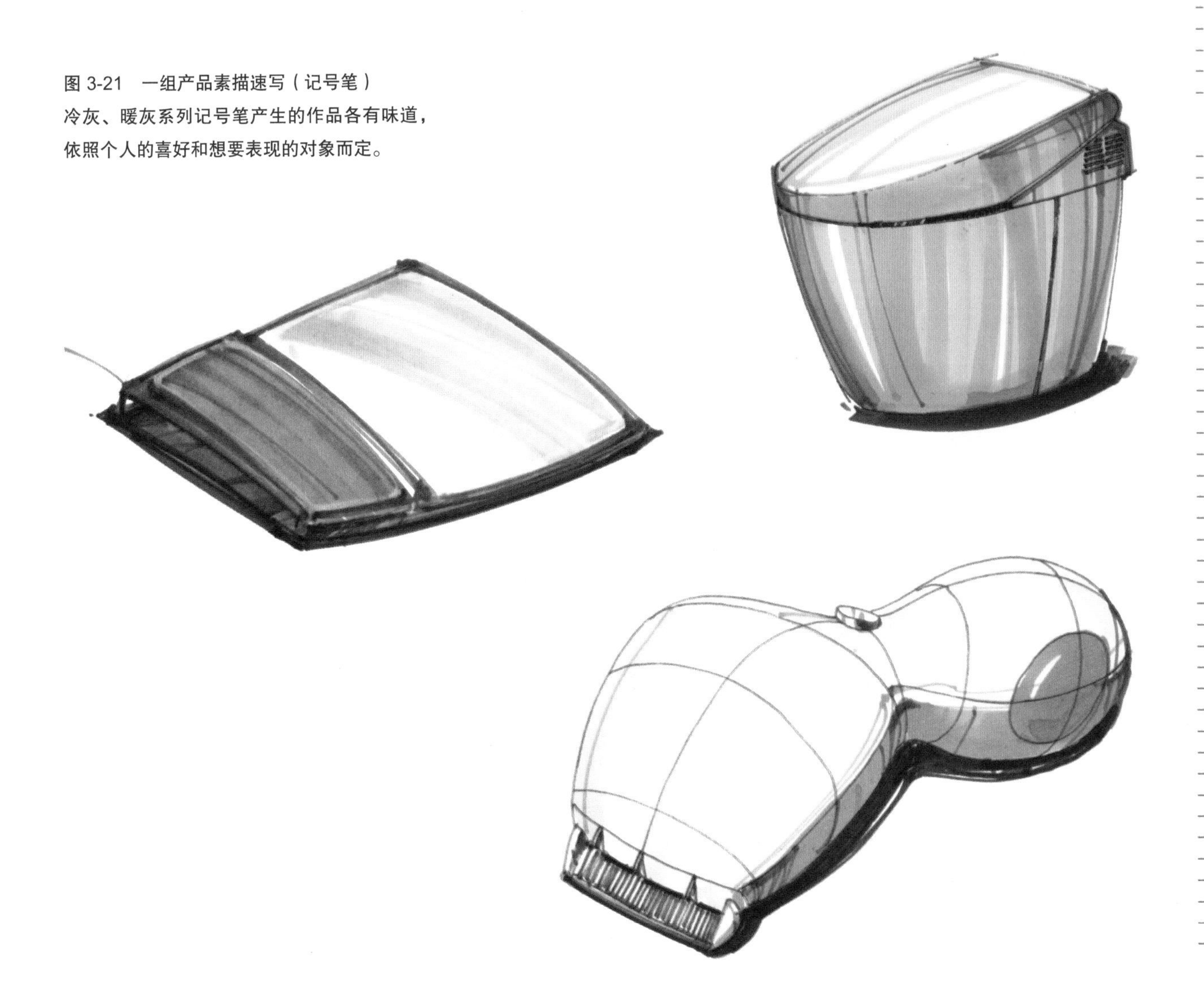

第三节　素描速写的表现力

素描速写是在线描速写的基础上加上光线和明暗，使表现能力有了较大的提升，内容和形式也更为丰富。对于素描速写而言，不同的设计师会有不同的感受,描绘出来的作品和画面在明暗、构图、风格和形式等方面会有很大区别，而且速写作品往往包含着个人情感因素，这正是素描速写的魅力所在。

素描速写有两种主要表现形式，即明暗素描速写形式和线面结合速写形式。如果从绘图工具使用上区分，又可分为铅笔、签字笔（或钢笔）和记号笔或多种绘图工具并用的素描速写。

1. 明暗素描速写

明暗素描速写和通常的素描绘画相比，前者更注重对线的表现和控制，形式精炼，而对暗部的处理相对比较简略。明暗素描速写对线的把握更接近结构素描（图3-22～图3-33）。

图 3-22　结构素描

结构素描是一种以线为主要表现形式来表现物体结构关系的素描形式，当然，在结构素描中有时也会使用一些简单的调子来表现物体的体积及空间。从作品中可以看出，用细而轻的线条表达物体亮部，粗而重的线条表达物体暗部，正是这种线条间的差别形成了很微妙的明暗关系。这是一种简单而有效的方法，值得借鉴。

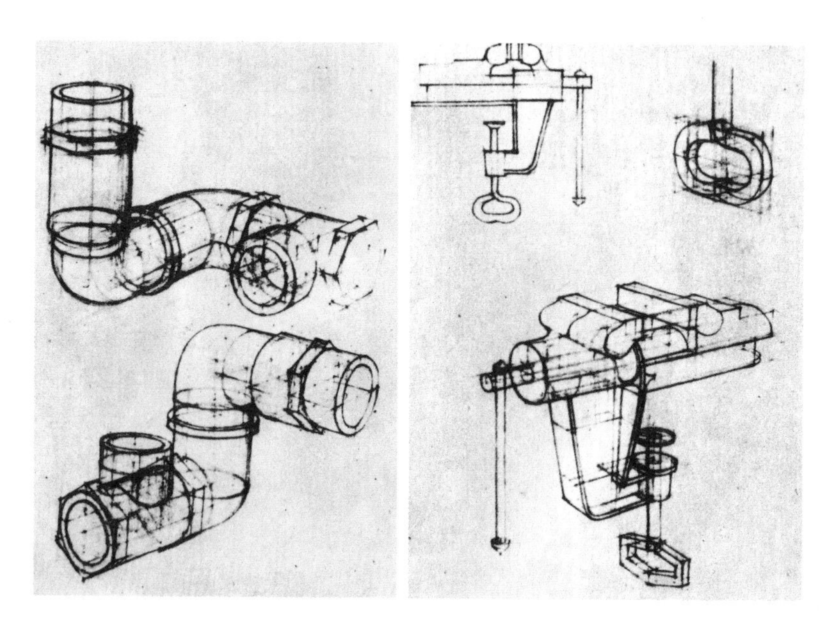

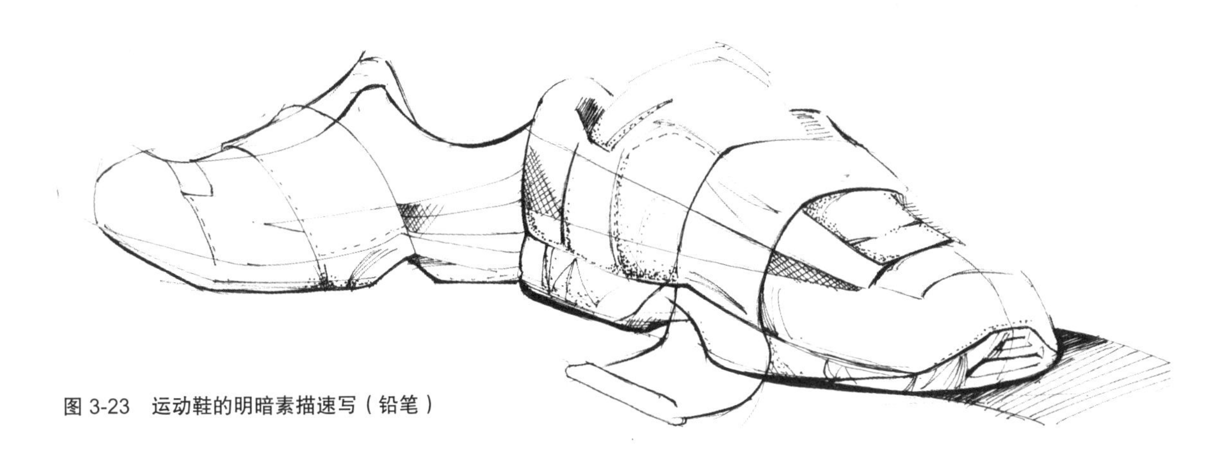

图 3-23　运动鞋的明暗素描速写（铅笔）

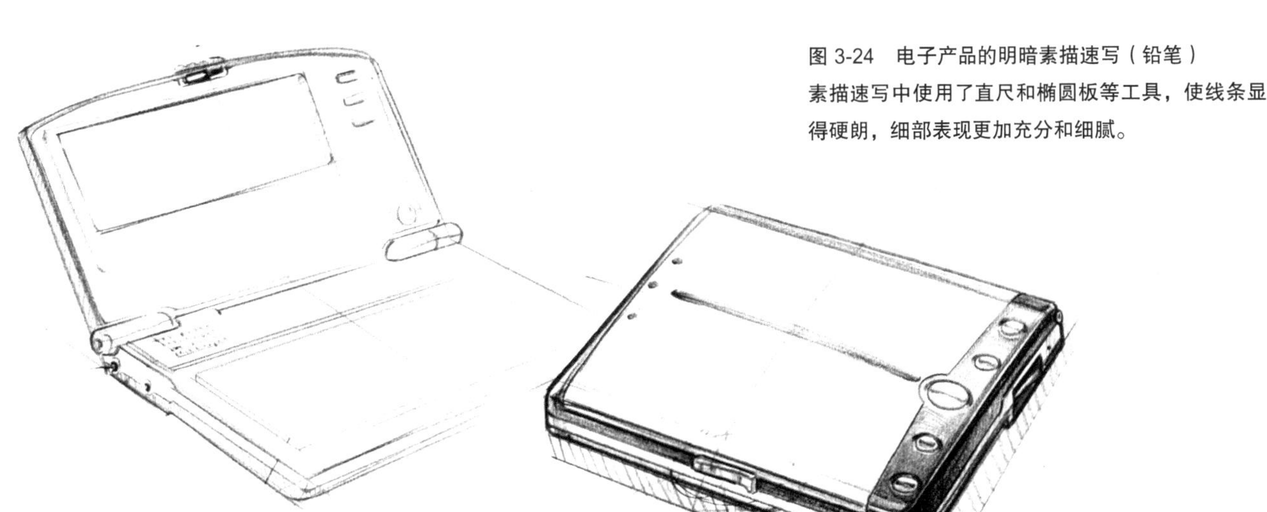

图 3-24　电子产品的明暗素描速写（铅笔）
素描速写中使用了直尺和椭圆板等工具，使线条显得硬朗，细部表现更加充分和细腻。

图 3-25　室内环境明暗素描速写（铅笔）
室内环境设计场景大，内容多，对透视的要求比较高，相对产品而言，素描速写的难度要大一些，因此在很多场景下室内环境素描速写都要借助一些工具，例如丁字尺、三角板、椭圆板、圆规等。

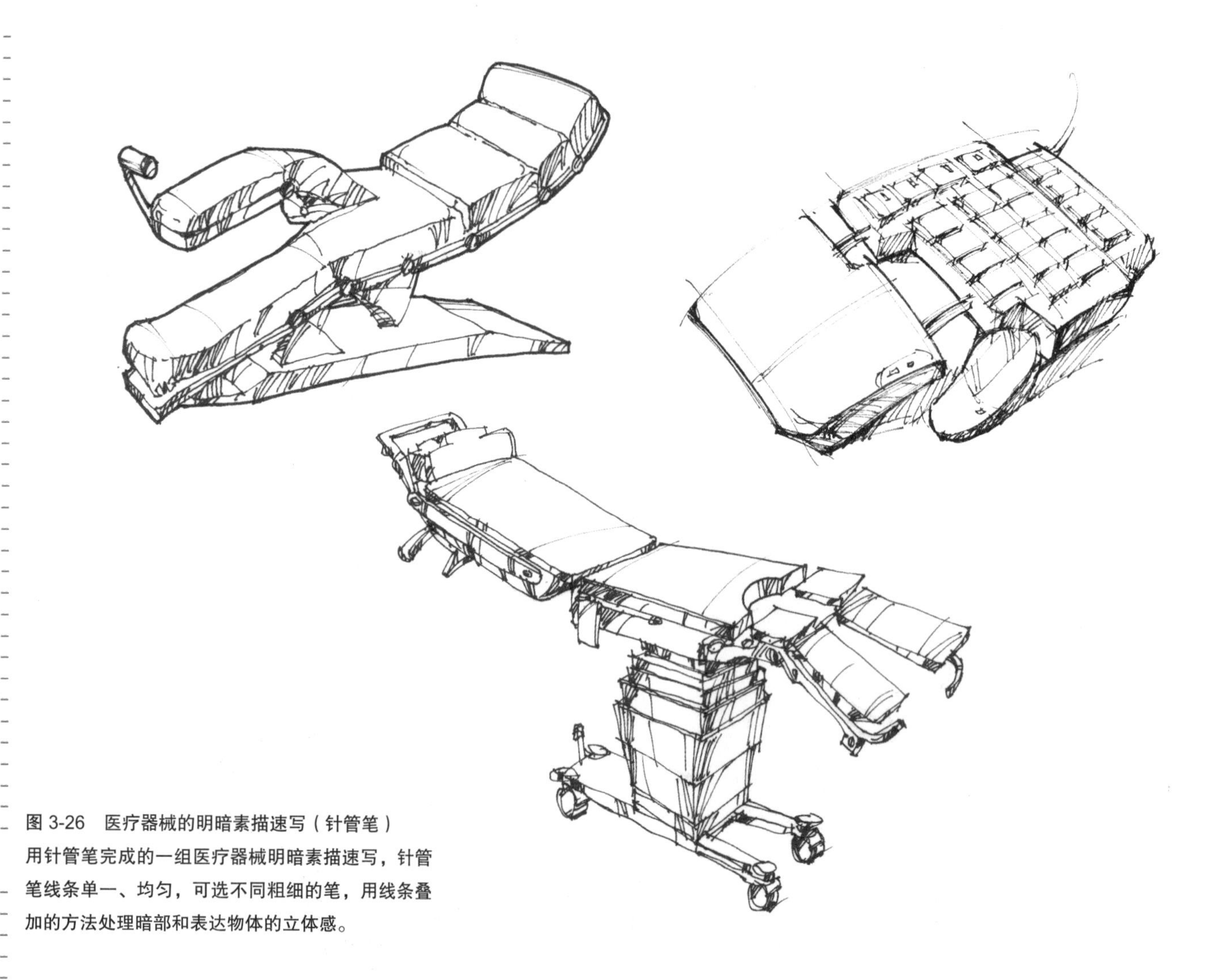

图 3-26　医疗器械的明暗素描速写（针管笔）

用针管笔完成的一组医疗器械明暗素描速写，针管笔线条单一、均匀，可选不同粗细的笔，用线条叠加的方法处理暗部和表达物体的立体感。

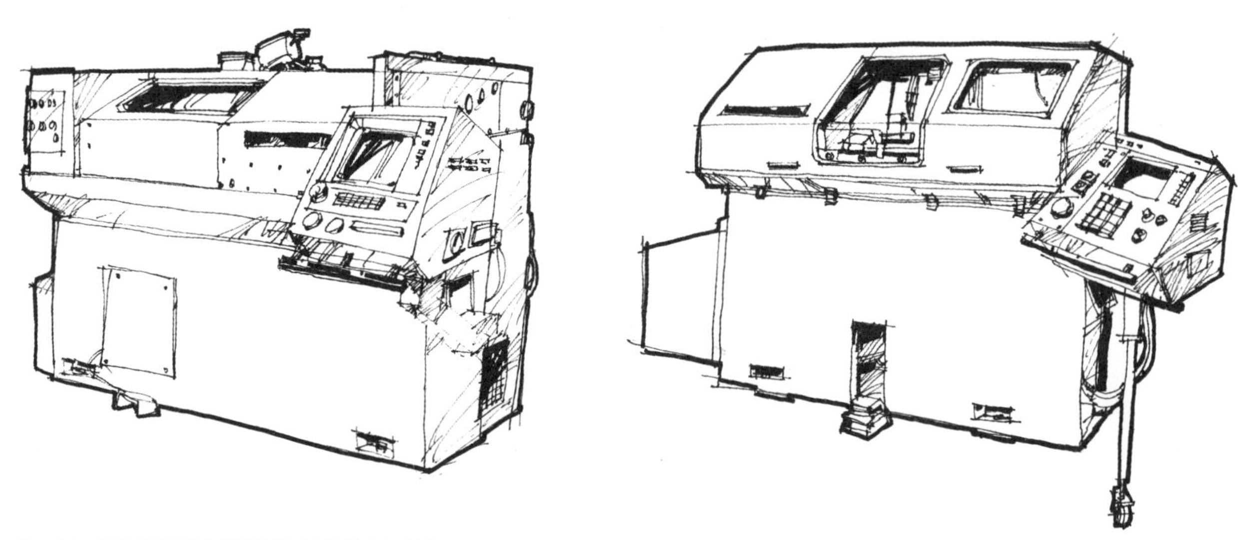

图 3-27　加工机械的明暗素描速写（针管笔和记号笔）

用针管笔和记号笔完成的一组大型加工机械的明暗素描速写，粗细线条之间形成强烈的对比，以突出机器的力量。

图 3-28　汽车的明暗素描速写练习（铅笔）
在产品设计速写的层面，汽车的表现是比较难的。汽车的形态较为复杂，大部分由圆弧和球面组成，寻找基准比较困难，容易形成视错觉。为表现好汽车，要做大量的练习。（郝辰作品）

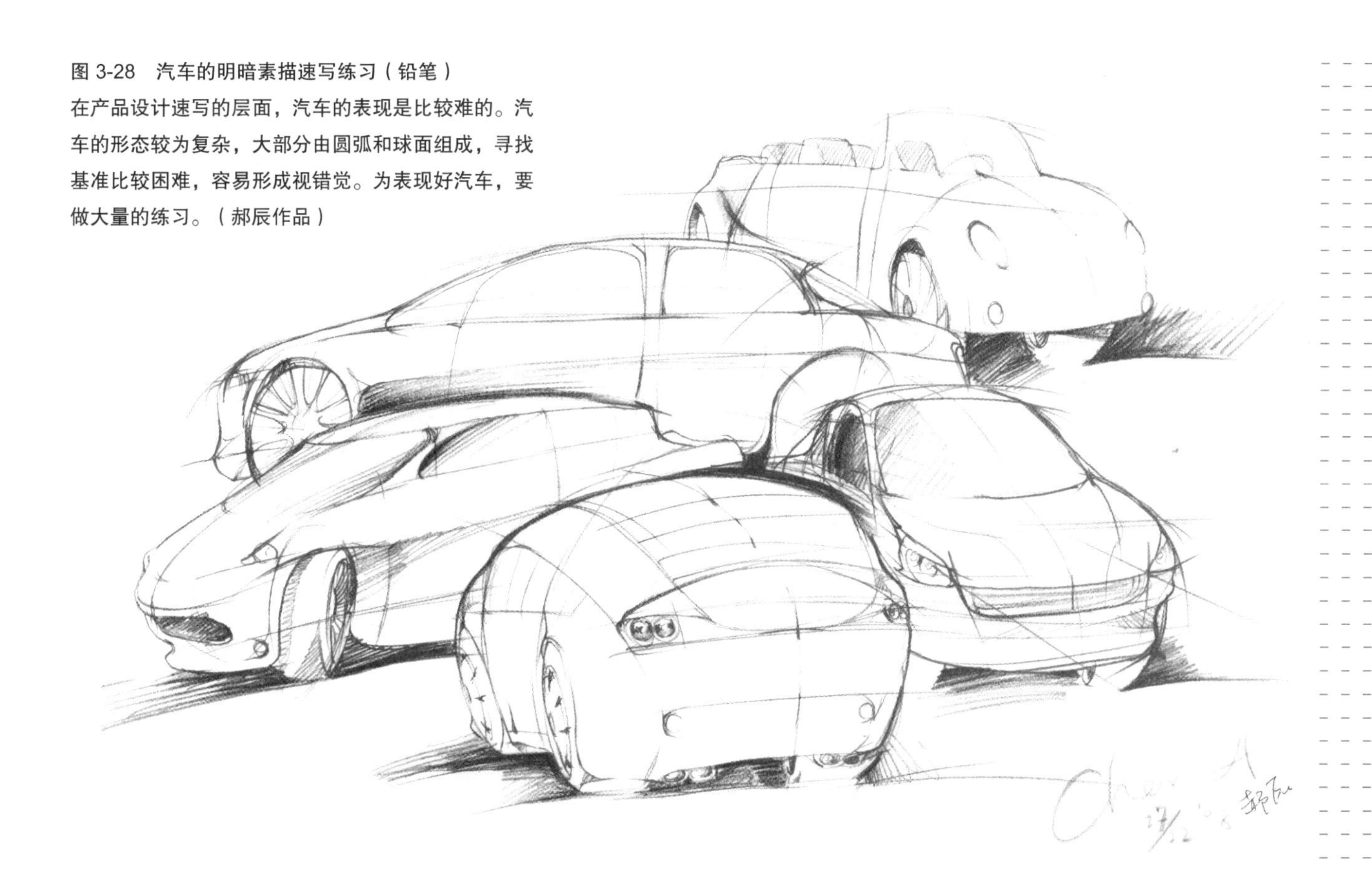

图 3-29　一组汽车的明暗素描速写（铅笔）
作者充分运用了铅笔线条粗细、深浅之间的对比，画面简洁明快，线条自然流畅。（杨邱迪作品）

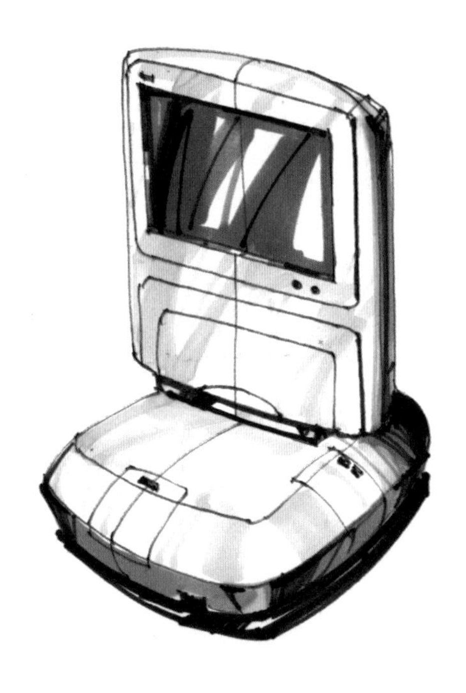

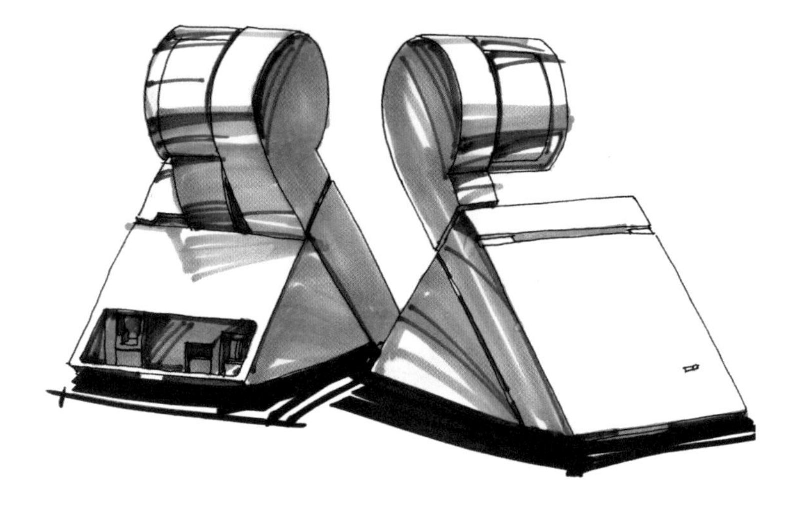

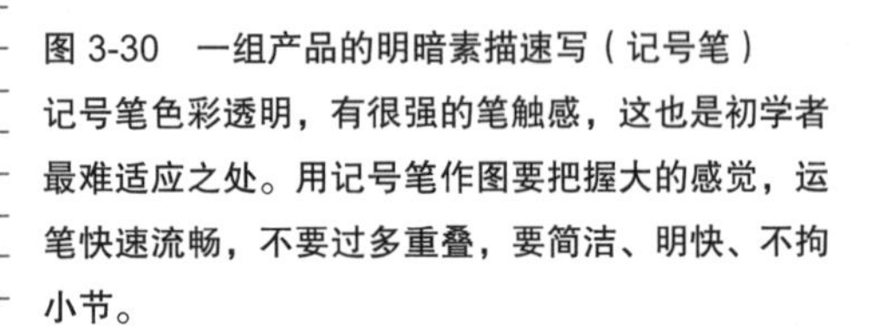

图 3-30　一组产品的明暗素描速写（记号笔）

记号笔色彩透明，有很强的笔触感，这也是初学者最难适应之处。用记号笔作图要把握大的感觉，运笔快速流畅，不要过多重叠，要简洁、明快、不拘小节。

图 3-31　明暗素描速写（记号笔和有色纸）

选一张中性灰度的有色纸，然后用灰系列的记号笔在上面作画，最后用具有覆盖力的彩色粉笔或彩色铅笔等将作品中的亮部区域和高光提出来。这类作品的优点在于，即使是复杂的场景，画面调子也容易控制和统一，而且操作性强。

图 3-32　建筑风景画（铅笔）

建筑画空间关系复杂，构造、材料、透视、构图缺一不可，处理这样的题材极具挑战性。历史上著名的画家们留下了大批极优秀的建筑和建筑风景画作品，供后来者学习和体会。

图 3-33　风景素描速写

下面两幅作品都以树为主要表现对象，题材和构图十分接近，但是风格完全不同，左图轻松随意，笔触缥缈，右图则显得厚重、结实，充满了力量。两幅作品之间的差别值得仔细品味和研究。

2. 线面素描速写

线面素描速写省略了绘画对象的中间调子，只追求黑白大效果，因此，作品的调子对比强烈、响亮，层次分明。线面素描速写强调的是“面”，需考量和推敲面的位置和大小。多数情况下，设计师会把黑色的块面设置在物体的暗部或者明暗交界线附近（图3-34 ~ 图3-38）。

图 3-34　一组线面素描速写作品

线面结合的速写形式是明暗调子高度概括和浓缩的结果，画面效果显得干净利落，尤其擅长表现高亮材质的物体（如不锈钢、镜面玻璃等）和柱形物体。

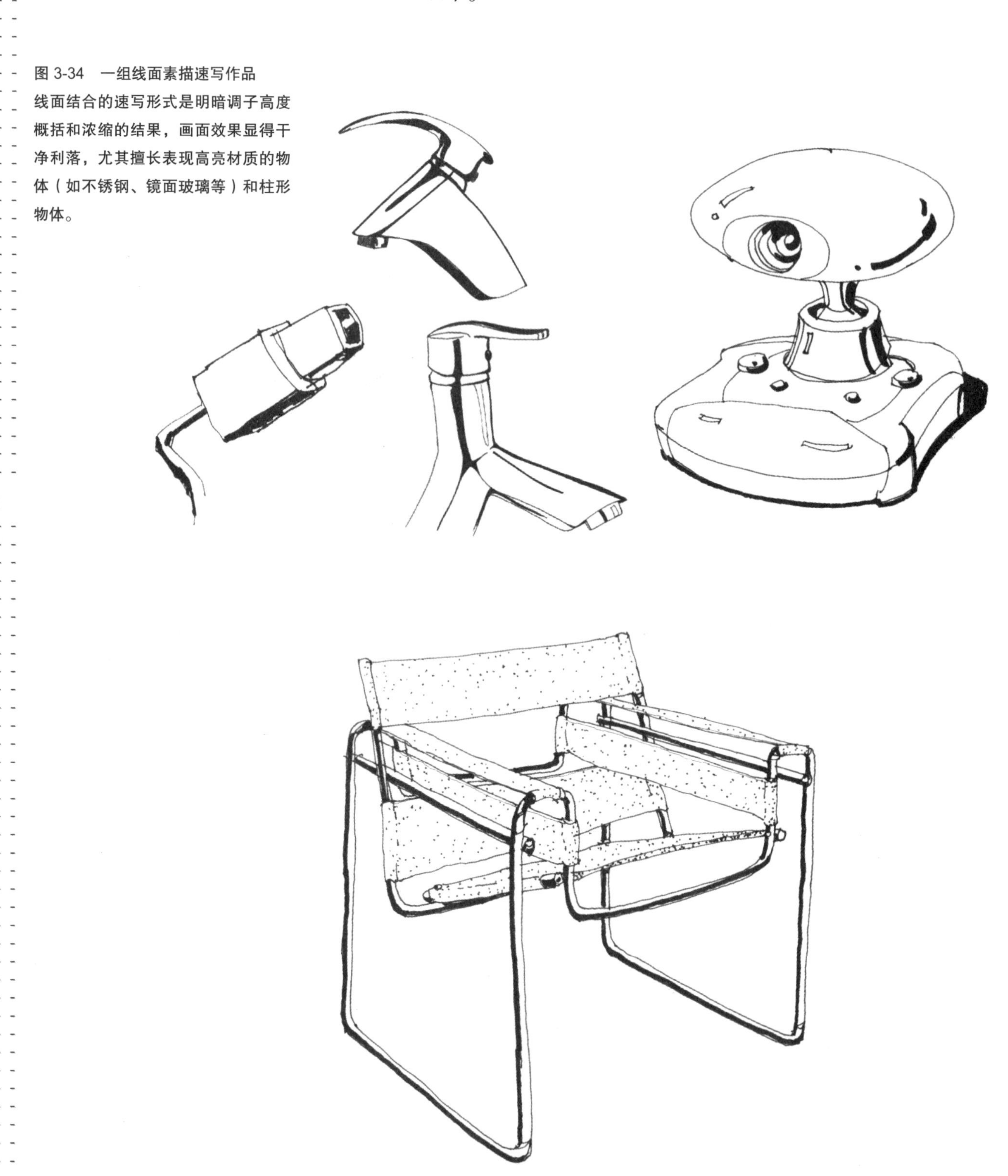

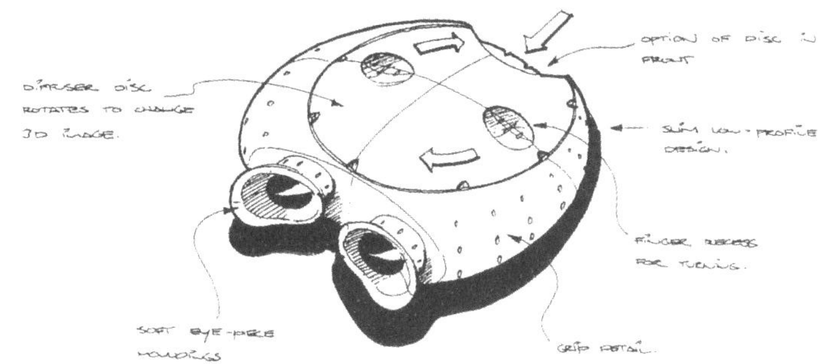

图 3-35　暗部和影子的处理

将物体的暗部和影子处理为大块面的黑色，画面显得简单、明快并且有很强的对比效果。

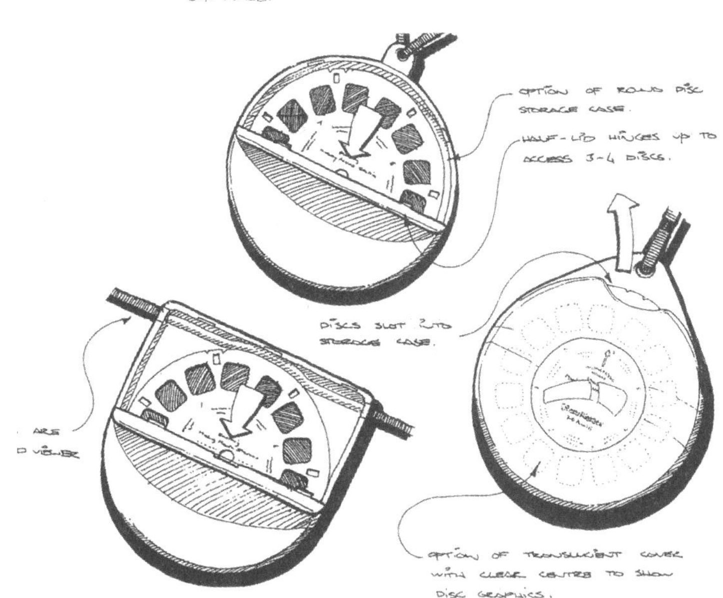

图 3-36　线面素描速写

对于具有一定复杂性的产品和场景，可以结合不同的素描速写形式以发挥各自的特点，例如图中的机器速写，既表现出了线面速写调子响亮的特点，又兼备了明暗素描层次丰富、表现细腻的长处，使其各尽其能，各取所长。

图 3-37　商场室内设计素描速写

运用线面结合的素描速写形式表现复杂场景，从作品中可初窥设计师的功力。首先应有室内空间的整体安排，然后统筹策划，对素描调子进行概括和推敲。深色块面的大小、位置、形状，色块和色块之间的相互关系，都要保持一种秩序感和节奏感，这些都对画面的表现效果起到决定性的影响。

图 3-38　明暗素描和线面素描两种形式结合表现的建筑风景速写

第四章　色彩速写

第一节　色彩关系

1. 色彩基本原理

人从外界接受信息的80%以上都来自于视觉，即眼睛所看到的物体的形态和色彩，即所谓的形形色色，自然界有了形和色才能绚丽多彩。相对形态而言，色彩更为感性和多变，色彩的感觉是一种直觉的、极具感染力的表现形式。面对复杂的色彩现象既需要通过反复的训练提高自身对色彩的敏感度和表达能力，也需要从科学的角度去认识色彩，作理性的研究和探讨。

讨论色彩，首先要引进原色的概念，原色又称为基色，即用以调配其他色彩的基本色。理论上说，原色最纯净、最鲜艳，通过原色的混合调配，可以调配出绝大多数的色彩；反之，用其他的颜色是不能调配出原色的。最基本的原色有三种，因此又称为三原色。

三原色分为两个系统，既色光三原色系统和色料三原色系统（图4-1）。色光的三原色就是红（Red）、绿（Green）、蓝（Blue）三色光。人的眼睛是根据所见光的波长来识别颜色的，可见光谱中的大部分色光是由这三种基本色光按不同的比例混合而成的。这三种光以相同的比例混合，且达到一定的强度，就呈现白色（白光）；若三种光的强度均为零，就是黑色（黑暗）。这就是加色法原理。加色法原理被广泛应用于电视机、各种显示器、监视器等主动发光的产品中。而在打印、印刷、涂装、绘画等靠介质表面的反射被动发光的场合，物体所呈现的颜色是光源中被颜料吸收后所剩余部分的光的颜色，所以其成色的原理叫做减色法原理。减色法原理中的三原色颜料分别是红（品红）、黄、蓝（青）。但是，由于制造条件的限制，事实上不可能产生如此纯净、具有真正原色意义的颜料产品。由于色彩速写中绘画条件和绘画工具的限制，本文只讨论色彩颜料的三原色以及它们混合调配时带来的种种变化。

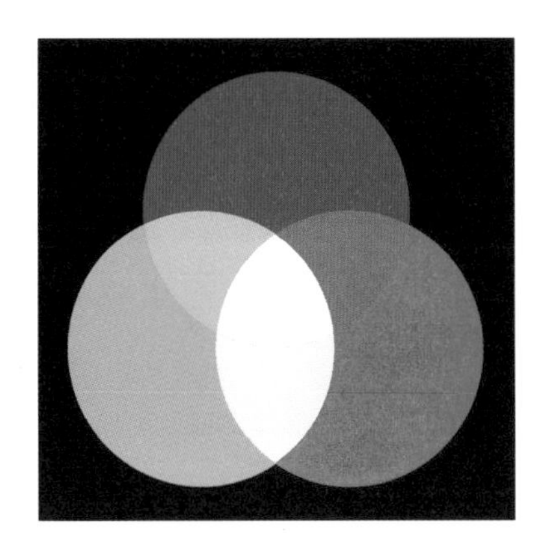

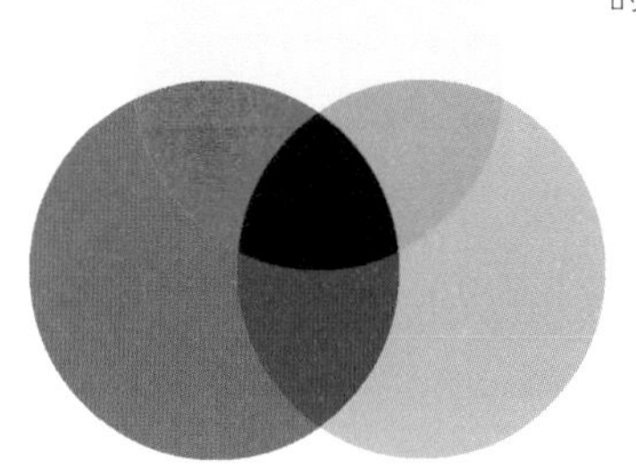

图 4-1　三原色

左图为色光的三原色（加色法原理），右图为颜料的三原色（减色法原理）。

颜料的三原色经过混合调配，从理论上说可以产生无穷多的色彩变化，因此需要建立一个色彩的管理系统以对色彩进行科学的研究。人们经过长时期的摸索探究，最后确定从以下三个观察点对色彩进行描述：色相、明度和纯度。这三者称为色彩三要素。色相指色彩的种类和名称，表达了色彩的相貌和特征，如红、橙、黄、绿、青、蓝、紫，以及柠檬黄、天蓝、深蓝、大红、品红等；明度表示色彩的亮度或明暗，颜色本身有深浅、明暗的变化，如柠檬黄和深黄、中黄在明度上相差就很大，橘红、大红、深红等红颜色在明度上也不尽相同；纯度指色彩的鲜艳程度，原色是纯度最高的色彩，颜色混合的次数越多，纯度就越低，反之，纯度则越高。

为了研究与应用色彩，将千变万化的色彩按照它们各自的特性、规律和秩序排列，并加以命名，于是形成一种称为色立体的色彩管理体系（图4-2和图4-3）。色彩管理体系的建立，对研究色彩的标准化、科学化、系统化以及实际应用都具有重要价值，可以更加确切地把握色彩的分类和组织。这种色彩管理系统借助于三维空间的表达形式，同时表现色彩的明度、色相和纯度之间的关系，成为描述色彩最好的模式。

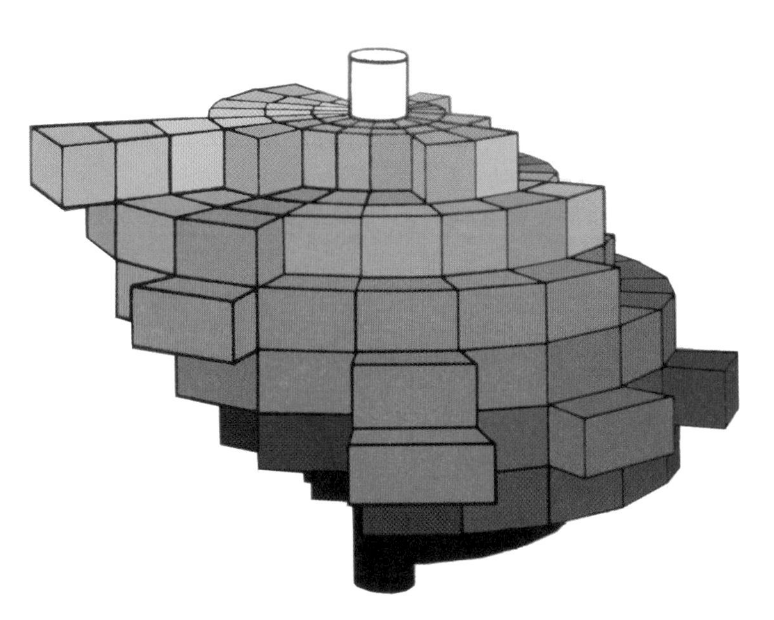

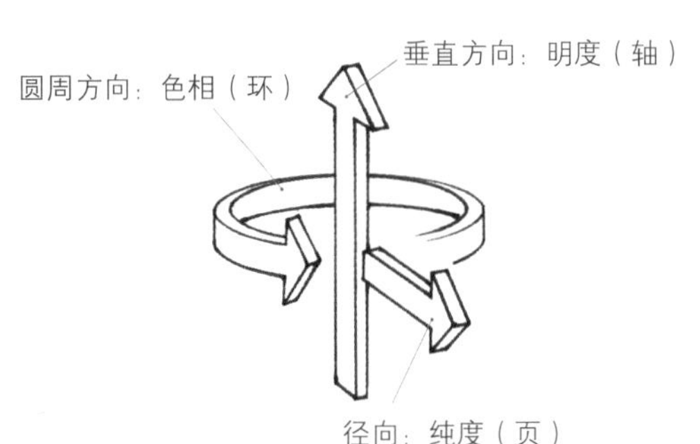

图 4-2　色立体

生活中常用的惯用色名法和基本色名法，虽在实际中运用很普遍，但缺乏科学性与准确性，一般只能根据这些色名去想象色彩的大概面貌，难以准确地运用和传达色彩信息。而色立体科学地采用色立体体系编号为色彩定名，建立标准化的色谱，给色彩的使用和管理带来了很大的方便，尤其对颜料制造和着色物品工业化生产标准的确定尤为重要。

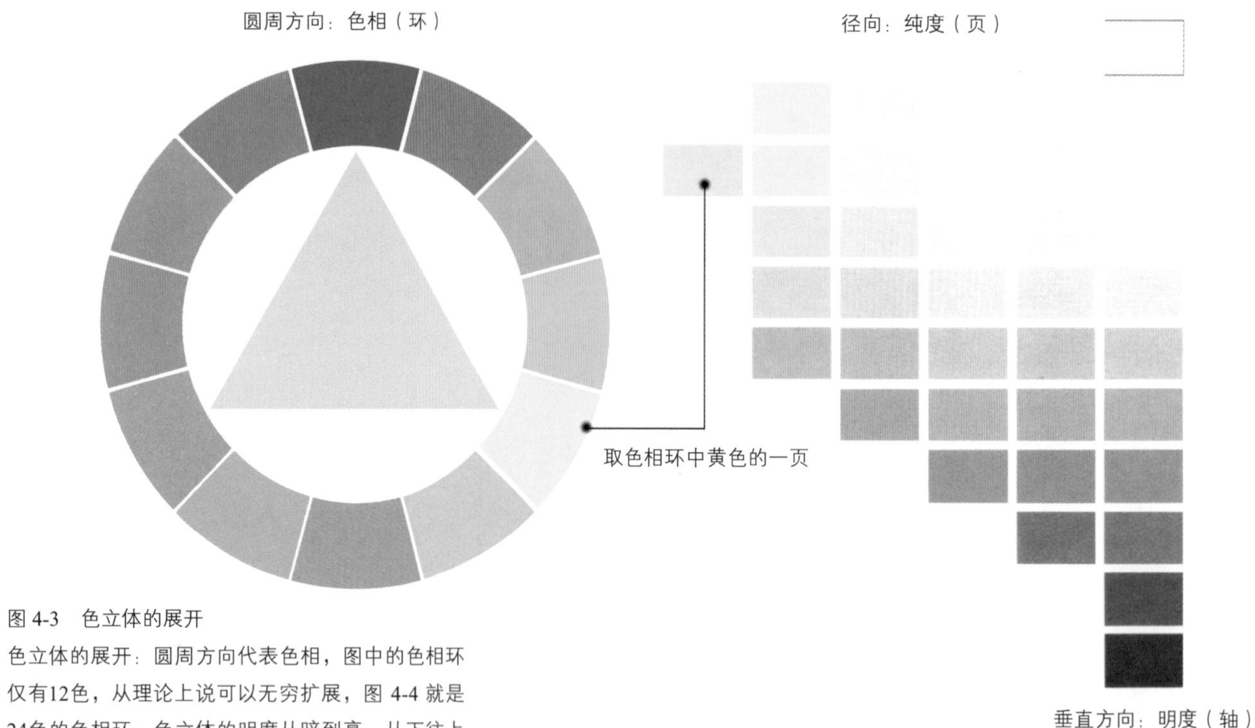

图 4-3　色立体的展开

色立体的展开：圆周方向代表色相，图中的色相环仅有12色，从理论上说可以无穷扩展，图 4-4 就是24色的色相环；色立体的明度从暗到亮、从下往上渐变，中心柱是无色系从黑到白的变化；纯度是以色立体中的黄色为例，取其中一页，色立体径向上离中心越远的色块纯度越高。

常用的色彩称谓和相互之间的关系为（图4-4）：

原色：从色相环中可见，三个原色之间相差120°。

补色：按色光而言，若两种色光混合能得到白色的色光，则它们互为补色（不是指颜料混合）。补色的色相在色相环中为180°的相对关系。

对比色：色相环中某色与相对应色相环中120°左右处的颜色。

类似色：色相环中某色与相对应色相环中60°左右处的颜色。

邻近色：色相环中某色与相对应色相环中15°～30°左右处的颜色。

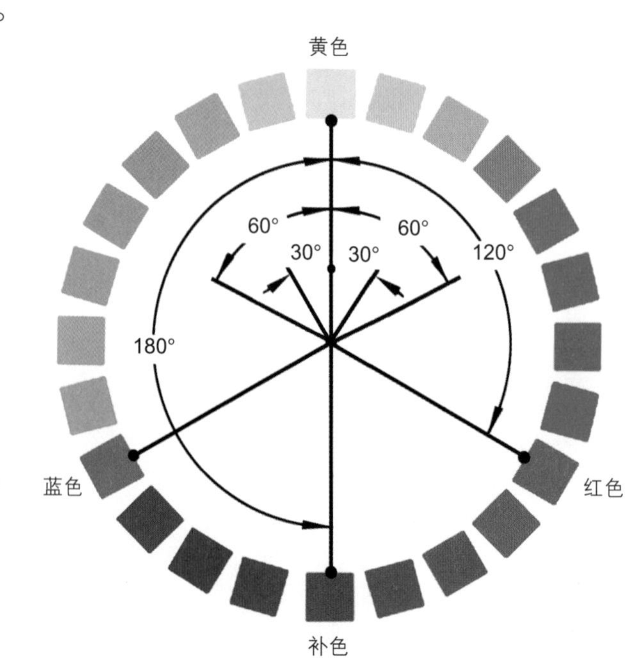

图 4-4　常用的色彩之间的关系

图为含24色的色相环，仍以黄色为例，从图中可以看到和黄色相关的补色、对比色、类似色和邻近色之间的关系。

2. 色彩的对比与调和

两种以上的颜色同时出现并通过相互比较来显示各自的特征，称为色彩的对比。单一的颜色或者色彩系列经常会产生单调、沉闷的感觉，而不同的色彩共处可以起到相互衬托、交相辉映的效果。色彩对比通常可以归纳为色相对比、明度对比和纯度对比三种形式。

色相环上任何两种颜色或多种颜色并置在一起时，呈现色相差异，形成对比的现象，称为色相对比。从图4-4中的色相环可以看出，色彩位置之间呈180° 时的色彩对比最强烈，例如红和绿、黄和紫、橙和蓝等；色彩位置之间呈120° 时次之。依此类推，角度越小对比显得越平和。

明度对比是色彩的深浅和明暗之间的对比，色彩的层次和空间关系主要依靠色彩的明度对比来表现。明度对比中表现最极端的应该是色立体中心的无色系的轴，从黑到白，在理论上是没有任何色彩倾向的，黑色在轴的最下端，也是理论上的极黑，顶端的白色是极亮，中间是一系列灰调子。明度对比强烈的作品往往显得调子响亮，视感觉明朗。

上述的两种对比在视觉上属于强烈对比，相比之下，纯度对比最为和谐，如在某颜料中加入一定量的白色或黑色，色彩的艳丽程度就会相应减弱，也就是说色彩的纯度降低了，因此纯度对比是很微妙的。高纯度的色块和较低纯度的色块排列在一起时，也会出现鲜艳的更鲜、浑浊的更浊这种现象。

除了以上所述的三种对比之外，色彩的面积大小也是影响画面效果的重要因素，事实上任何配色效果的讨论都离不开色块面积的比较问题，某些时候对色彩面积的考虑甚至比色彩的选用还要重要。

在设计中，通常大面积的形体多会选用明度高、纯度低、对比弱的色彩，如建筑室内的天花板、墙面，大体量的电气设备等；中等面积的形体多选用中等程度色彩对比的颜色，如服装配色中，邻近色组及明度适中的对比色采用得较多，如此既能引起视觉兴趣，又可避免过分的视觉刺激；小面积的形体常采用纯度高和明度对比强的色彩，如一些小家电、小日用品等，可以引起人们的充分注意。当对比色彩双方的面积相当时，互相之间产生平衡，对比效果较强，也称为抗衡调和法。当面积悬殊较大时，则会产生烘托、强调的效果，也称为优势调和法。另外，同一色彩面积大时往往比面积小时感觉明亮。

这些现象虽然是设计中关于色彩的应用问题，但对速写而言，也需要有所学习和了解，为绘画色彩的选择提供依据。

色彩调和是指在色彩对比的基础上，经过有效地调整、搭配和组合，使画面产生和谐的色彩关系。对比是一种刺激，没有对比也就没有了刺激神经兴奋的因素，但如果只有兴奋而没有调和又会造成神经的疲劳和紧张，因此，对来自于色彩对比产生的刺激就需要有适当地调和，从而产生一种恰到好处的对比。从本质上说色彩调和是色彩对比的延续和补充，两者之间是相辅相成、相互依赖的关系。

从色彩速写的角度而言，运用色彩调和就是希望在速写画面中建立起一种色彩的秩序，使色彩搭配、整体布局和审美需求达到和谐统一，以提高设计语言表达的能力。设计速写中色彩调和的主要方法和手段可大致归纳为以下几点：

（1）同一调和　当两个或两个以上的色彩并置而且对比效果非常尖锐刺激时，将某种颜料混入各色中，用增加各色中同一色彩的方法改变对比色彩的明度、色相和纯度，使强烈对比的各色得到缓和，而且增加同一色彩的成分越多调和感越强。例如，当两色面积相等而且是补色时，以红与绿为例，其强烈刺激的对比显得不和谐，如果在两色彩内都调入一些灰色，因为有了同一因素，从而削弱了对比度，使强烈对比的画面得到缓和，鲜艳的红色和绿色变成了灰红、灰绿，从视觉上得到了调和。

（2）近似调和　所谓近似调和，就是色彩之间差别很小、同一成分很多时，有意识地选择性质与程度很接近的色彩组合，或者增加各对比色的同一性，削弱对比强度，使色彩间的差别缩小。例如，在素描速写中曾经提到过的同一色彩体系中的明度系列就属于近似调和。色相、明度、纯度都近似的色块之间的近似调和是近似调和中效果最丰富、调和感最强的组色方法。凡在色立体上相距只有二三个阶段的色彩组合，不管明度、色相、纯度还是白量、黑量、色量的近似，都能得到调和感很强的近似调和，相距阶段越少，调和程度越高。

（3）秩序调和　把不同明度、色相、纯度的色彩组织起来，形成渐变的、有条理的、有韵律的画面效果，使原本强烈对比刺激的色彩关系变得有条理、有秩序从而达到统一调和的目的，这种方法就称为秩序调和。

（4）面积调和　面积调和不包含色彩本身色素的变化，而是通过面积的增大或减少来达到调和的目的。当一对强烈的对比色出现时，双方面积相差越小越调和，双方面积悬殊越大对比越强。从相对角度看，面积对比实际上是在增加一个色彩分量的同时减少了另一个色彩的分量，从而起到对色彩的调控作用。面积的调和是任何色彩设计作品中都会遇到的问题，也是色彩调和的重要方法（图4-5）。

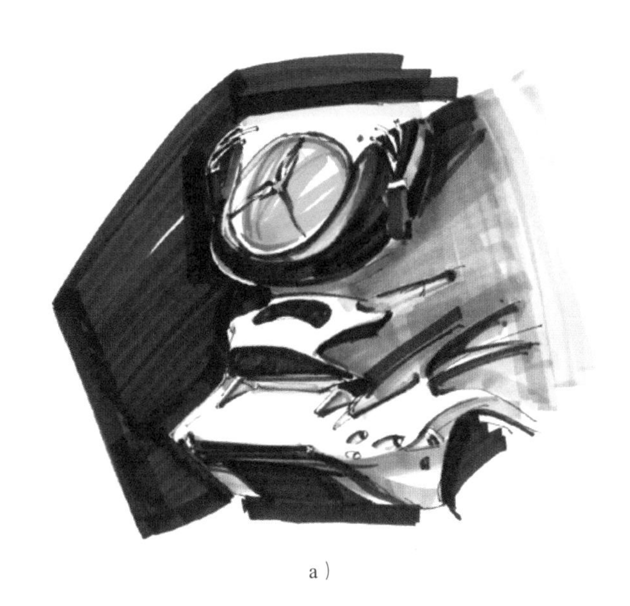

a）

b）

图 4-5　色彩的对比和调和

图a：蓝色、灰蓝色、深冷灰色组成的蓝灰调子，这类组合方式极易获得色彩调和效果。

图b：红和绿、紫和黄之间对比强烈，主要靠面积大小和中间色彩过渡来调和，这类色彩的对比与应用和使用场合有密切的关系。

一幅速写作品中虽然用了多种颜色，但总体只有一种色彩倾向，这种倾向就称为“色调”或“调子”。调子原是音乐艺术的术语，用以表明一首乐曲的“音高”位置和特色，将“调子”一词用于色彩，指的是作品中色彩的总体倾向和大的色彩效果。一幅作品的色调通常可以从色相、明度、纯度、冷暖四个方面来定义，以其中哪种因素起主导作用，就称之为哪种色调（图4-6）。

色相：如红调子、绿调子、黄调子等。

明度：如亮调子、暗调子、深调子等。

纯度：如浅灰调子、灰调子等。

冷暖：如暖色调、冷色调。红色、橙色、黄色为暖色调；绿色、蓝色、黑色为冷色调；灰色、紫色、白色为中间色调。冷色调的亮度越高，其整体感觉越偏暖；暖色调的亮度越高，其整体感觉越偏冷。冷暖色调也只是相对而言，譬如说，红色系当中，大红与玫红在一起的时候，大红偏暖色，玫红就偏冷色，而玫红与紫罗蓝同时出现时，玫红就偏暖了。

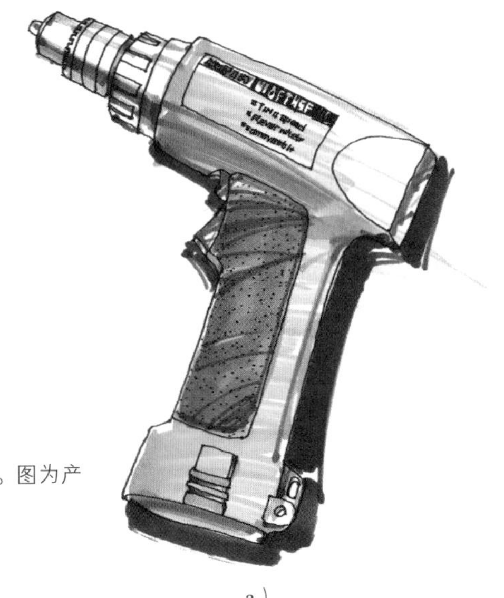

a）

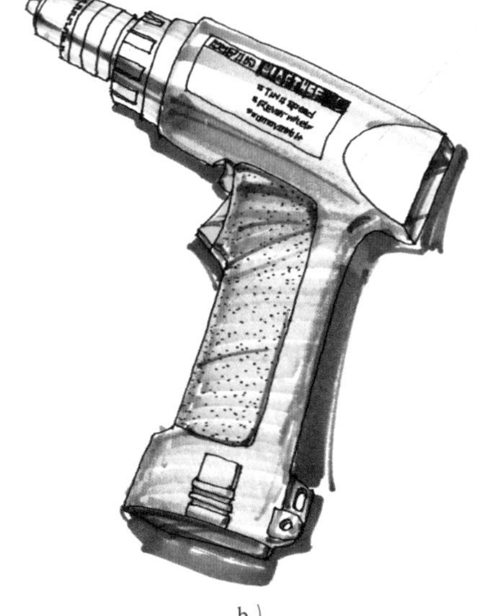

b）

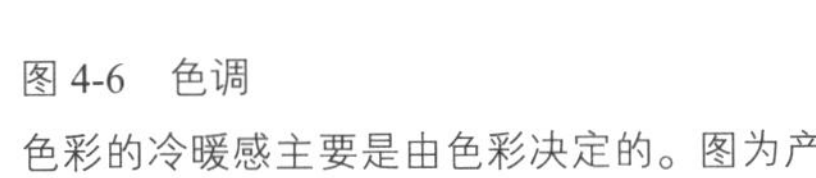

图 4-6　色调

色彩的冷暖感主要是由色彩决定的。图为产品的色彩速写。

图a：黄调子、偏暖调子。

图b：蓝调子、冷调子。

3. 色彩的情感与搭配

色彩引发人们的情感，不同的色彩会给人不同的感觉，例如看见红色调会感觉热血沸腾，看见黄色调会产生明快感，看见蓝灰色调会忧郁沉闷，看见绿色会舒适、爽朗等。除此之外，色彩还给人物理性质的感觉，例如冷和暖、膨胀和收缩、轻和重、柔和与坚硬、华丽与朴素等。就个人而言，对色彩的感受既有共性的一面，也有按照个人的文化修养乃至心情环境而变化的个性一面。

色立体是一个人为的模式，本身没有情感，但是提供了一个视觉传达色彩语言系统，因此，在色彩设计或绘画中,通过对色立体的认识和运用，选择适当的色彩进行搭配,将情感特征通过色彩组合表达出来，使色彩速写的画面具有“明快”、“喜悦”、“忧郁”等情感意念的表达效果。

色彩速写使用的工具主要有记号笔、彩色铅笔等，能够选择的色彩空间有限，与工具挑选相比较，色彩之间的搭配或许更为重要。色彩搭配不是一个简单的问题，一般情况下，设计师们会在上色前作一个配色计划，这个计划将综合考虑色彩与设计的目标、色彩与表达的形态、色彩与表现材料之间的关系，以此寻找合适的作图工具、材料以及它们之间相互的搭配。即使是草图，上色前也要作一个大概的筹划（图4-7）。

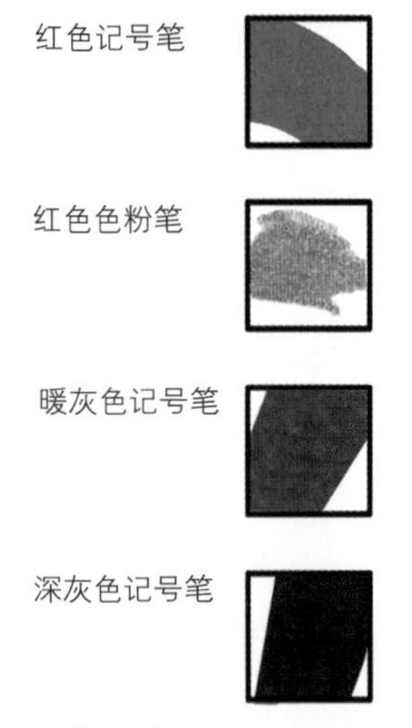

图 4-7　摩托车的色彩计划

设计师首先考虑色彩如何同整车的风格相吻合，为了体现越野摩托车粗犷豪放的个性，图中选用了纯度很高的红色和深暖灰色搭配，再结合穿插一些电镀部件,既丰富了色彩表现的手法和内容,也提升了摩托车的魅力。

第二节　材料的表现

1. 一般材质的表现

一般材质是相对后面将要叙述的几种特殊材质而言的。一般材质是最常见的，定位在普通的塑料壳体、涂装表面等。在光线的照射下这些材质表现平和、自然，三面五调的光影关系清晰，第三章素描速写中讲述的明暗关系等绘画理论在此完全适用，因此，接下来要考虑的问题是如何选择色彩和进行色彩搭配，使色彩速写的作品反映物体真实的材质（图4-8～图4-13）。

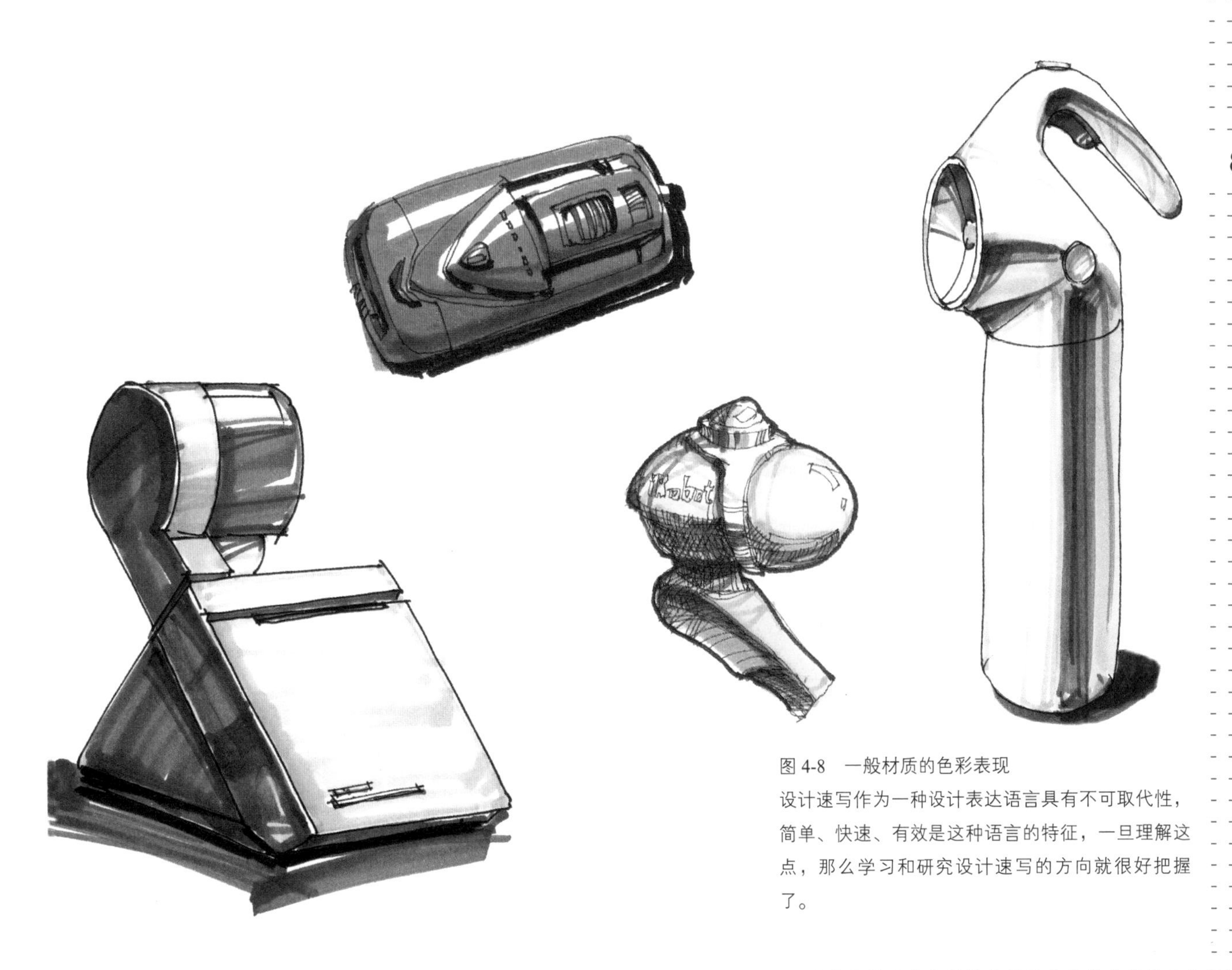

图 4-8　一般材质的色彩表现

设计速写作为一种设计表达语言具有不可取代性，简单、快速、有效是这种语言的特征，一旦理解这点，那么学习和研究设计速写的方向就很好把握了。

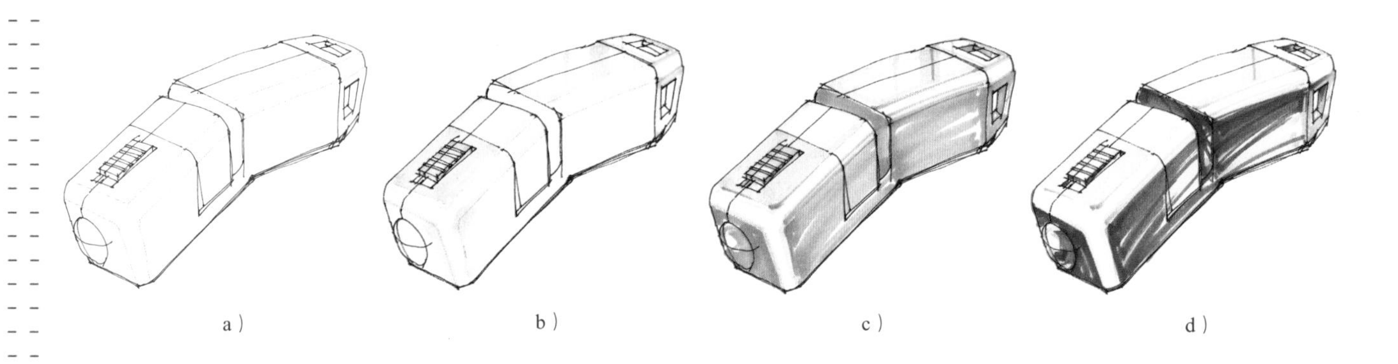

a）　b）　c）　d）

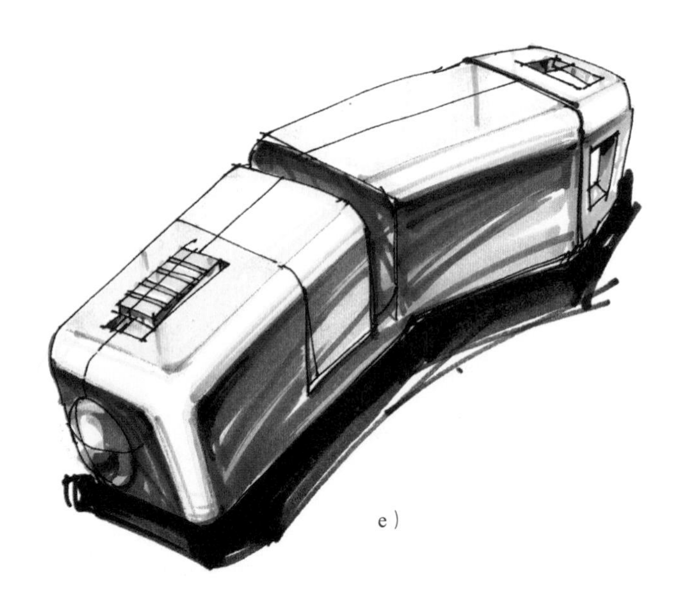

e）

图 4-9　产品（大圆角）的色彩速写步骤

有些产品的面和面之间使用大圆角过渡，这时的色彩表现要较直角过渡复杂。图中的产品由两组色彩构成，选择好色彩的搭配，在明度和色相上要协调。

图a：勾出产品的线稿，用铅笔很轻地画出面和面之间过渡的大圆角。

图b：用浅色记号笔画出产品的受光面。

图c：用记号笔画出产品的暗面。

图d：用深色记号笔画出产品的明暗交界线。

图e：用深色粉笔加强明暗交界线，作出形体的阴影。

图 4-10　一组产品的色彩速写

产品中圆的过渡形式多变，进行色彩速写时不仅要准确地把握好表现圆角的线条，而且也要做好相应的色彩渐变和过渡，使“圆”的味道更加饱满。

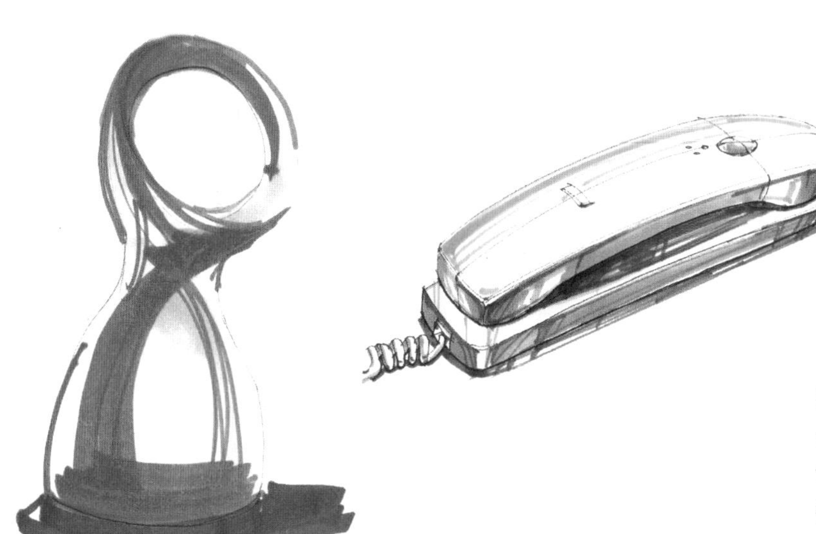

图 4-11　大弧面的色彩速写练习

大弧面的形体在产品设计中经常看到。大弧面线条饱满，富有张力，描绘大弧面形体时除了对调子的把握，还要注意色彩的渐变。图中的练习是用记号笔完成的，需要用叠加的方式表现大弧面。

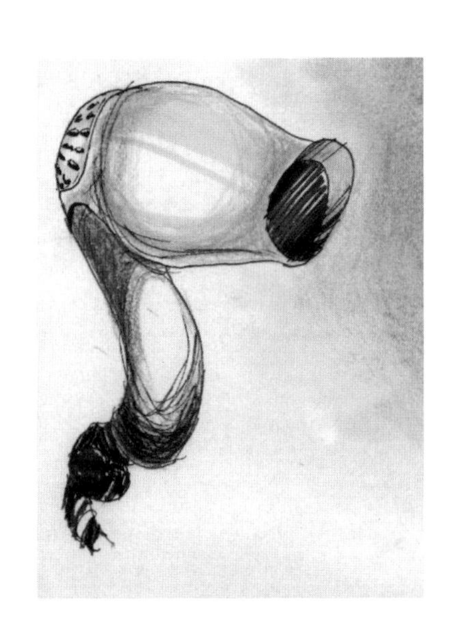

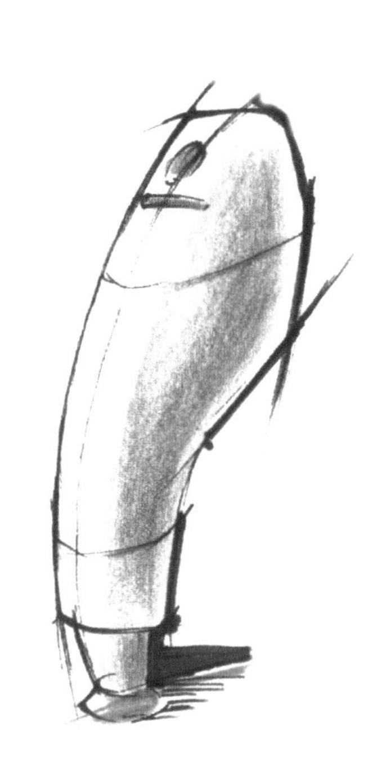

图 4-12　色彩工具的选择

用彩色粉笔和彩色铅笔画大弧面似乎简单得多，只需要做一些色彩之间强弱的变化就可以了。因为色彩过渡比较均匀，所以块面的体量感显得很强，缺点是这类材料的鲜艳程度不及记号笔。

图 4-13　汽车的色彩速写练习

现代汽车设计丰富多彩，特别是轿车大都以大弧面或者大曲面的形式出现，车身的线条富有弹性和张力。汽车的色彩速写难度较大，需要学习者多观摩、多练习，从中体会各种线性的变化。

2. 高反光材质的表现

高反光材质比较典型的有不锈钢材质的表面、经过电镀的外壳、陶瓷表面等，在现代产品中一些经过抛光处理或者烤漆的表面，也可归为高反光材质一类。由于这些材质表面的镜面物理特性，对周边的光和影特别敏感，转换到色彩速写上（图4-14、图4-15），就呈现出以下三个特点：

1）高反光材质表面更多地反映的是周边的光和影，因此不完全遵从前面所述一般物体表面的“五调”关系。

2）深浅色调对比很强。

3）黑白对比突兀，缺少过渡的色彩和面。

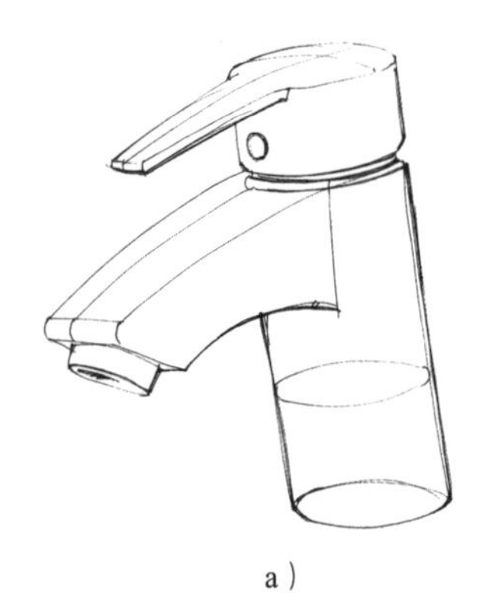

a）

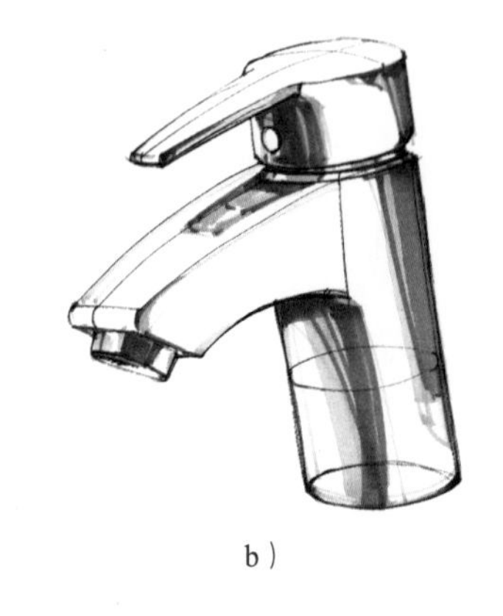

b）

c）

图 4-14　高反光材质表现的步骤

图a：勾出产品的线稿。

图b：用两种不同灰度的记号笔画出产品的暗部。

图c：用彩色粉笔或铅笔作过渡处理，丰富产品的色彩感觉，使得深浅对比不那么突兀。

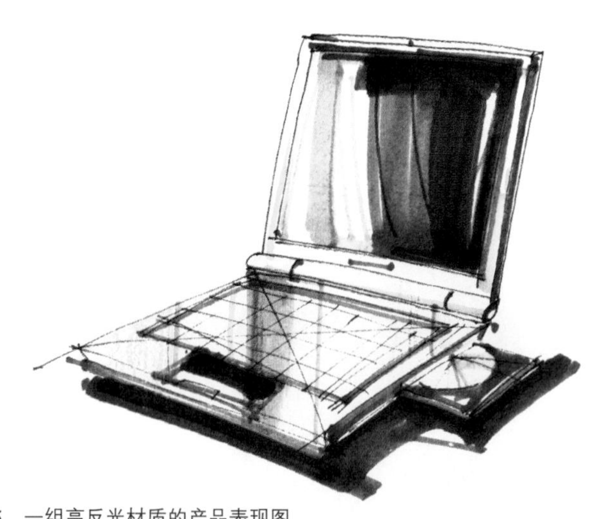

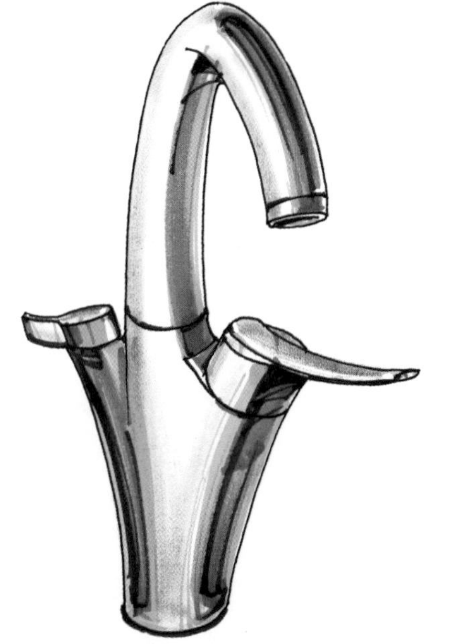

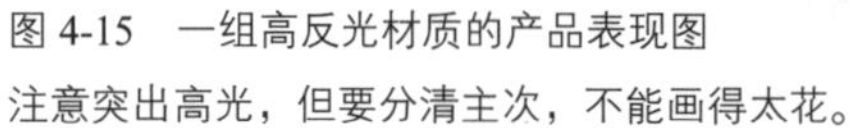

图 4-15　一组高反光材质的产品表现图

注意突出高光，但要分清主次，不能画得太花。

3. 玻璃材质的表现

玻璃是产品设计中的常用材料，本文所指的玻璃含义可能还要更广泛一些，除了玻璃器皿、电视机的玻璃显示屏之外，现代产品中的液晶屏幕、透明或半透明的塑料外壳都算在内。要注意玻璃色彩速写的二重性：

1）玻璃是透明的，可以透过它看到后面的背景。但如果是单一的玻璃器皿，则很难发现光影的作用，只有在材料的积聚部分，才会产生较多的深浅变化，比如玻璃器皿的边缘、转折处等，是变化最多、对比最清晰的部分（图4-16和图4-17）。

2）在强光下，玻璃会产生高亮的反射。从这点而言，玻璃的表现有点像金属。

图 4-16　用三种不同的方式表达产品的透明材质

图 4-17　玻璃杯的表现

画玻璃器皿要掌握好色彩的强弱，可适当加强虚实对比，落笔要果断，线条要简洁清晰，留出反光部分。

4. 木材的表现

以原木为材料的木制产品是一种天然绿色材料的产品，纹饰多变、自然生动，很受使用者的欢迎。家具、饰品、室内饰材、建筑木结构等处多见木材的使用。为了突出这些材料的特性，在色彩速写中要考虑两个问题：

1）选择和木材相匹配的色彩，如浅黄、中黄、赭石等。

2）表现和这些材质相呼应的木纹（图4-18、图4-19）。

图 4-18　木质家具的表现
图中的木柜由深浅两种木材制成，深色部分由几块木板拼装组成，木纹明显。
图a：勾出木柜的线稿。
图b：用两种不同色彩的记号笔画出木柜的材质。
图c：用彩色铅笔作木柜的反光。

图 4-19　室内设计中的木质
图中的室内空间环境几乎全部采用浅色的木材作饰材，木材的色彩和木纹控制了整个画面，构成了主色调。在大面积的木纹表现中，纹路的走向就成为一个值得推敲和借重的问题。

5. 织物材质的表现

本文中所指的织物含义可能更广一些，不仅指布面料，还包括皮革等软材料。织物的品种很多，而且色彩、质地、图案非常丰富，用途相当广泛。织物给人的总体印象是柔软且有弹性，色彩速写应该关注和把握这个特点，分析表现对象的材质和用途，在此基础上选择速写的工具和色彩（图4-20）。作画时要关注以下几个问题:

1）在线条和色彩处理上要抓住织物的虚实关系，抓大放小，抓住大的折皱，忽略细小的部分。

2）通过对线条的快慢、粗细、节奏的运用加强织物的真实感,特别是织物的柔软度和质感，避免僵硬的表现。

3）织物往往作为产品或环境的一部分出现，因此在色彩处理上要考虑主从关系，特别需要注重和周边环境的协调性（图4-21～图4-23）。

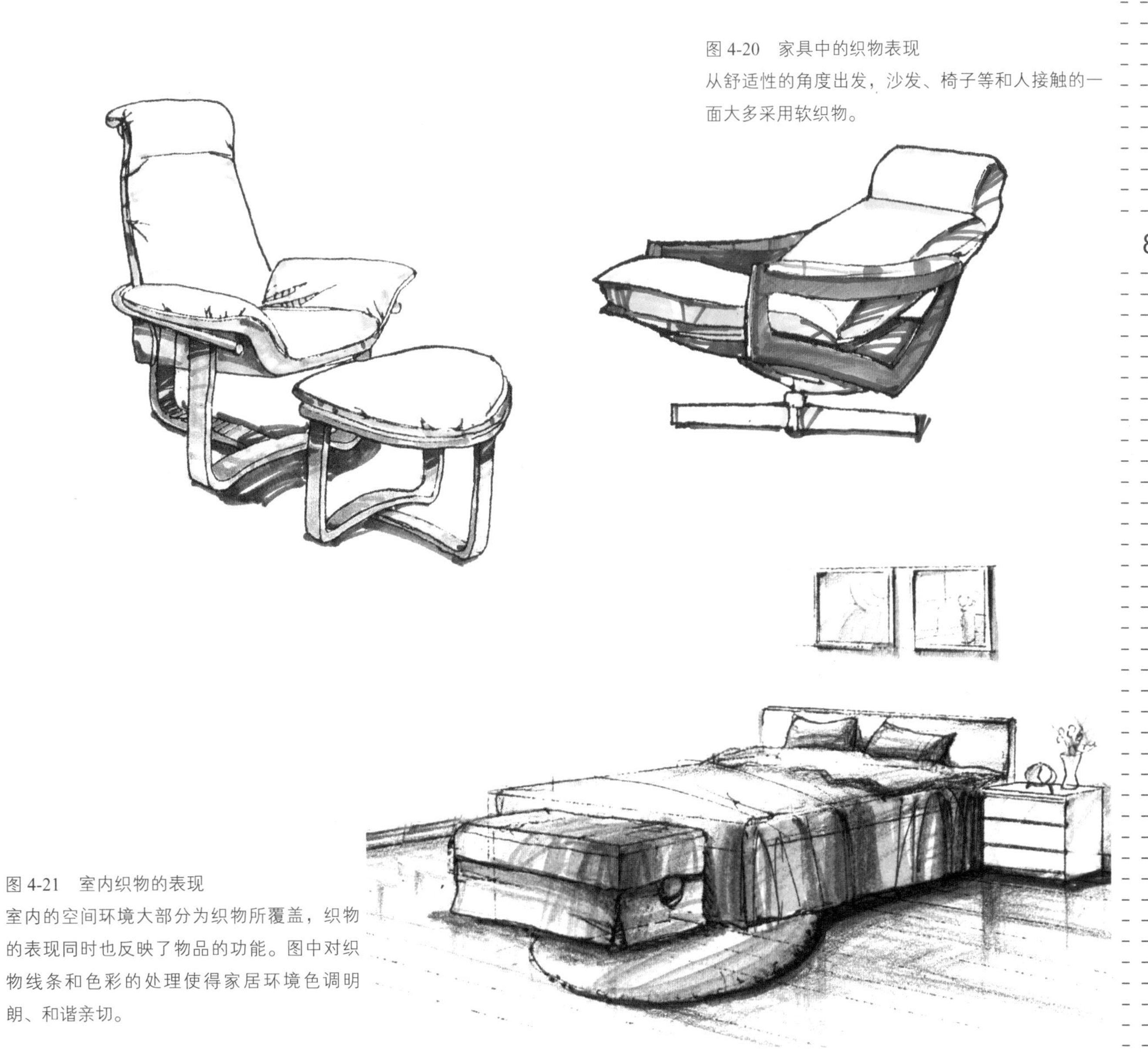

图 4-20　家具中的织物表现
从舒适性的角度出发，沙发、椅子等和人接触的一面大多采用软织物。

图 4-21　室内织物的表现
室内的空间环境大部分为织物所覆盖，织物的表现同时也反映了物品的功能。图中对织物线条和色彩的处理使得家居环境色调明朗、和谐亲切。

图 4-22　窗帘的表现

各种各样的窗帘，其功能、形式、质地、色彩差异极大，首先要了解这些窗帘的构成、用途、开启方式、窗帘和周边环境的关系等，做好定位再作画。

图 4-23　室内环境中的织物

窗帘、沙发、地毯在绘画空间内占了相当的分量，窗帘飘柔、沙发敦实、地毯厚实且表面有毛绒质感，织物之间的材质表现使得室内空间的层次得到了充分展现。

第三节　色彩速写的表现力

设计速写的风格通常是指设计创作中表现出来的格调和特征（图4-24），风格是区别不同设计师作品的标志，也能够成为区别和把握不同流派、不同时代的标志。进入色彩速写阶段，将会看到更多的作品、风格和流派，内容极其广泛。

“风格即是人”，这种说法虽不能绝对化，但有一定的道理。作品风格反映了人的性格、情趣、文化修养及人生经历等。风格的形成除了因人而异，而且因事而异（事指设计对象），因时而异（时指当时的状态和周边的环境），显然主观和客观两种因素都会影响设计师风格的形成。从主观上看，要想使设计速写真正成为设计的语言和帮手，不仅要求设计师在提升艺术表现的能力上下工夫，而且还要提高自身多方面的素养，包括感受和体验不同的生活，提高艺术和设计的鉴赏力，快速捕捉形象和细节的能力等，还包括音乐、绘画、舞蹈等各方面的艺术素养，这些都是影响风格形成的重要因素。当然这些因素本身并不就是风格，但它们却从各自的角度影响设计师风格的形成。

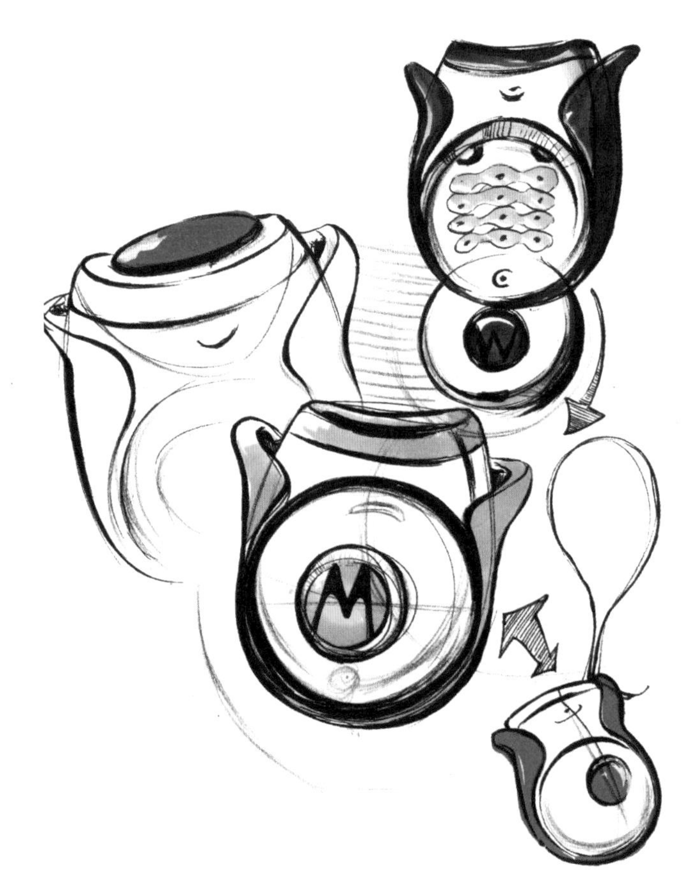

图 4-24　练习和提高

设计色彩速写的表现力要远比线描速写和素描速写强大，但是难度也随之加大。学习色彩速写这门语言，首先要敢于尝试，善于从不同风格的作品中吸取养料为我所用。

前面论述的内容基本上是以技能训练为主要内容，这种方式可以迅速提升学习者的速写绘画能力，有着很强的目的性，同时，这种模式也存在片面性，容易把丰富多样、综合性的设计速写学习等同于单一性的技术训练。学习者应该通过对设计速写的学习，培养和提高自身的审美能力；在学习过程中感受工业设计作品的美、设计表现形式的美，以及设计绘画过程中创作的美（图4-25 ~ 图4-38）。

图 4-25　简单实用的原则

设计速写应遵循简单实用的原则。图中的作品在线描速写的基础上着色，只选用了一支黄色、三支灰色记号笔作为色彩工具，很清晰地表达了产品的形体和材质。作品虽然缺少了一点炫丽，但是对于设计的表述已经相当明确，足以说明问题。

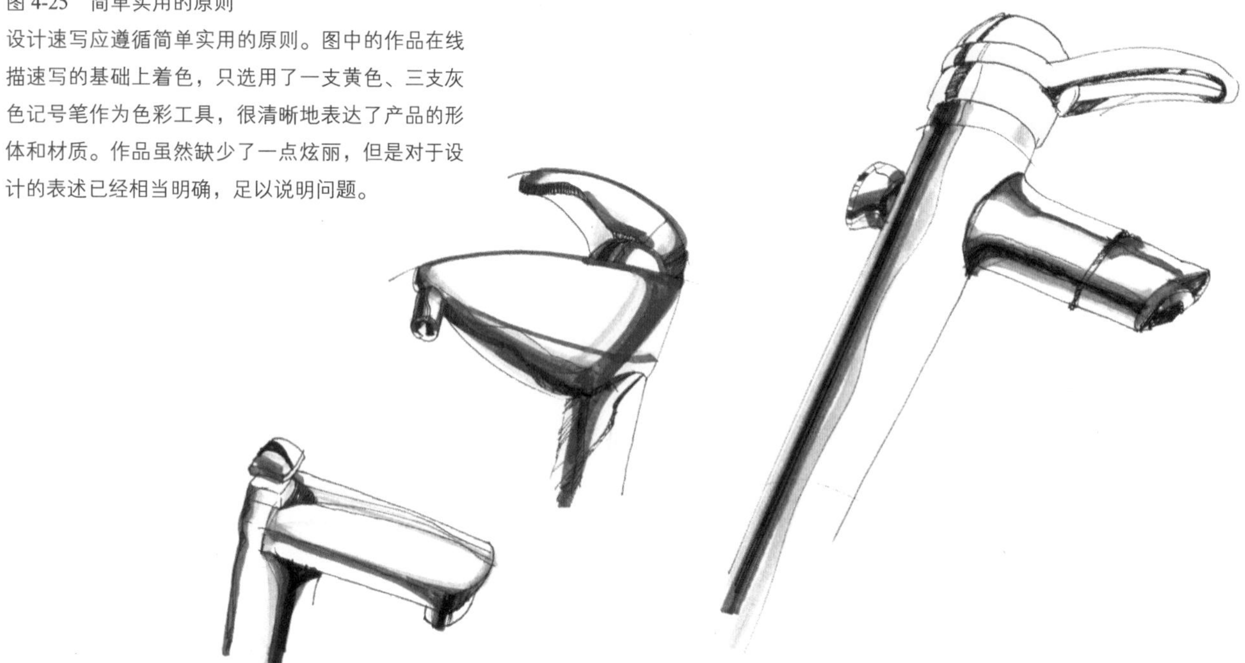

图 4-26　“简单”

记号笔的简单：携带简单；一支笔一种色彩，故而色调简单；记号笔表达方式很直接，几乎是一步到位，即使有叠加也很有限，其实也是一种简单。产品设计表现中的“简单”，在本质上和产品设计的一些基本理念相吻合，例如“少就是多”，强调的就是“简单”、“直接”的理念。

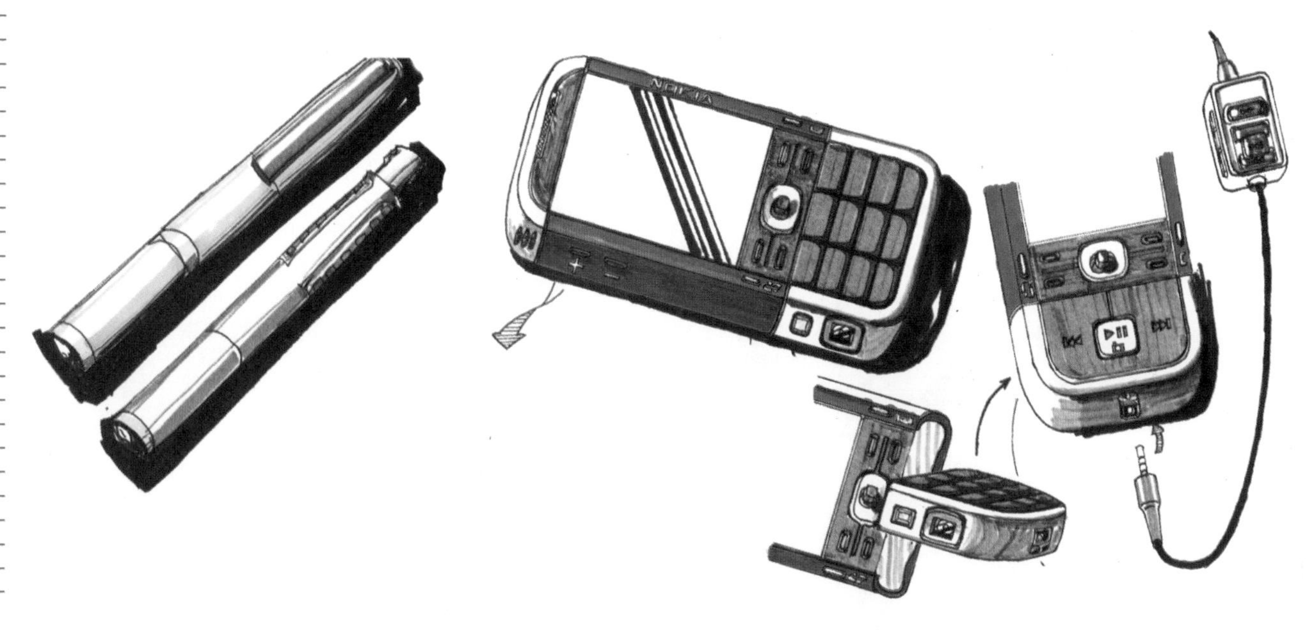

图 4-27　色粉和曲面

彩色粉笔呈干性，不透明，覆盖力强，稳定性好，而且色彩变化丰富、明亮饱和。从绘画效果看，在曲面形体的塑造和晕染方面有独到之处，最宜表现变化细腻的表面，如圆、弧面和曲面等。彩色粉笔的颜色既可以画得很强烈，也可以画得特别的“软”与柔和。借助于这些特点，在色彩速写中可将彩色粉笔作为形体描绘的一种补充。

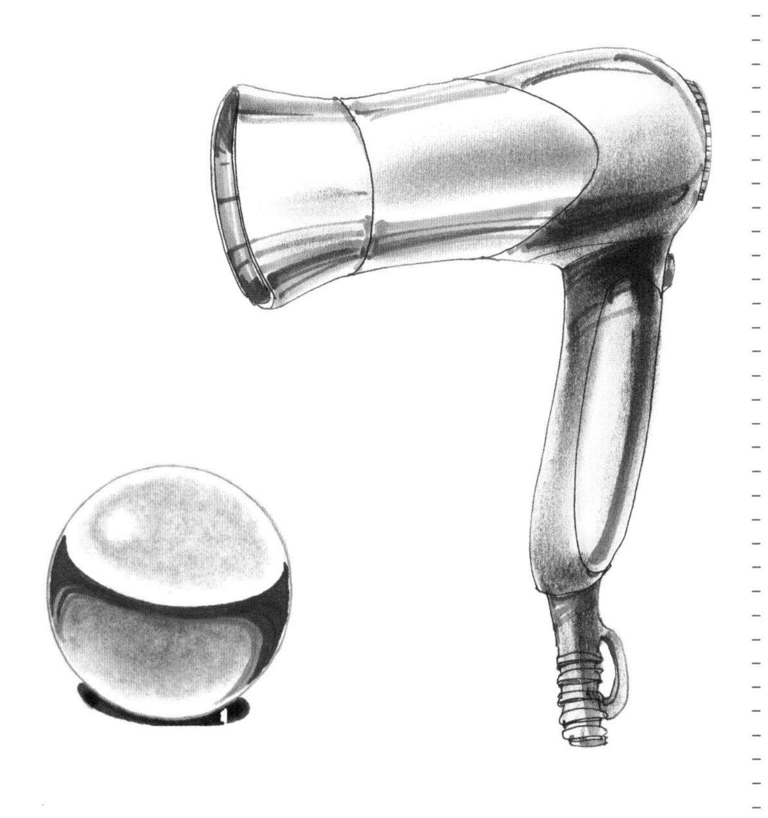

图 4-28　作图工具

在有条件的情况下，设计速写也会使用一些作图工具，如直尺、圆规、圆板、曲线板、椭圆板等。有了作图工具的帮助，速写作品的线条将更加整齐、规范。尤其是圆和椭圆，绘画时原本很难一步到位，但有了相应的辅助工具就容易多了。

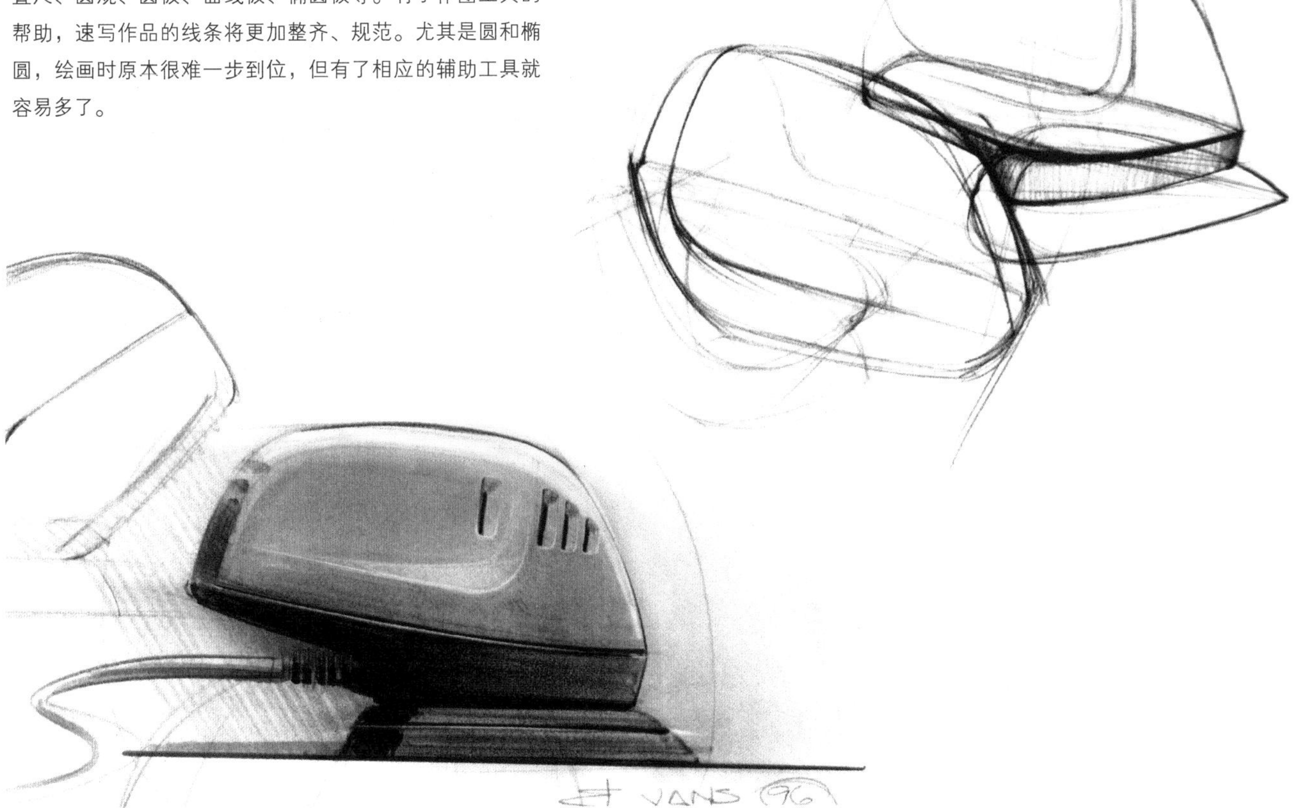

图 4-29　绘画工具和计算机制作

使用辅助的绘画工具可以提高作品的精细程度，使之整齐规范，增强作品的真实感，在计算机时代到来之前大部分效果图都是如此绘制的，但在进入计算机三维设计时代之后，耗时费力的效果图制作工作就交给计算机承担了。

图 4-30　徒手绘画和使用工具

画二维、大尺度的产品设计速写时，往往离不开一些必要的辅助工具，因为用徒手的方式想要画出一个正圆或者一条超长的直线几乎是不可能的。在实际的操作过程中，徒手绘画和使用工具这两种方式并不排斥，而是相互配合、交替使用的，在速度效率和表现效果中寻找平衡。

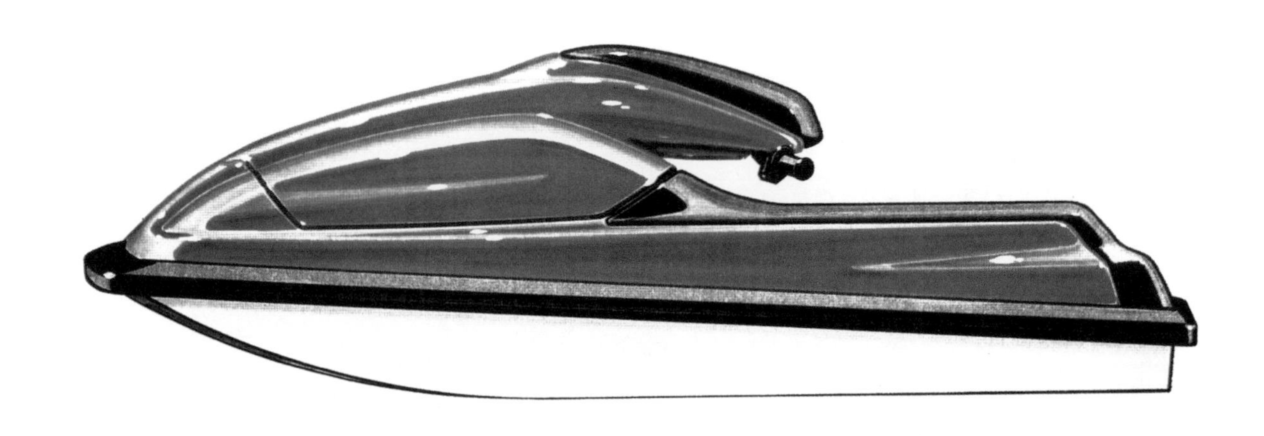

图 4-31　汽车的设计速写

现代汽车的造型千姿百态，其中以大弧线、大圆角的元素为最多，线型显得圆滑饱满，因此，产品设计速写中汽车的速写难度是比较高的。一般来说，专业的汽车设计师都有一套绘画的流程。汽车的速写从练习的角度讲，可先从一些造型比较简单、线条硬朗、色彩单纯的作品入手，但要把握好汽车的透视、各部分的比例以及一些细节的处理。

图 4-32　汽车的色彩速写

在产品设计或者设计技法的一些书籍、作品中经常可以见到汽车的表现图和速写，作品风格之广泛、色调之绚丽往往是其他门类的表现图所不能与之媲美的。画好汽车的表现图不容易，但是能较好地锻炼设计师的徒手绘画能力。很多汽车设计高手画的草图，线条优美流畅，透视把握准确，色彩对比协调，达到这种功力需要大量的设计和绘画实践，还要多思考、多比较，除此之外别无他法。

a）

b）

图 4-33　汽车速写用绘画材料

汽车速写采用的绘画材料非常广泛，有记号笔、彩色铅笔、彩色粉笔等，有些作品还要加上白色或其他色彩的水粉颜料，也有的习惯于采用有色纸作为绘画背景。相当部分的作品采用记号笔和彩色粉笔混搭的画法，记号笔色彩明朗、笔触刚硬，通常用来铺设产品的基本色调；彩色粉笔色调柔和、覆盖能力强，用来作后期的调和剂，渲染画面的光影效果。这种画法速度快、效果强烈。

图a：轿车的记号笔色彩图。

图b：彩色粉笔上色后的效果图。

图c、d：记号笔和彩色粉笔混搭的画法。

c）

d）

图 4-34　建筑和建筑小品速写

建筑是三维物体，空间环境大而复杂，视觉印象更是步移景易，因此，速写时应多角度地去观察、理解和想象建筑空间，若只有一个观察点则会存在局限性。建筑速写一般要在很短的时间内完成，因此，在动手之前，头脑中一定要想清楚想要表达的内容，哪些应该重点描绘，哪些可以简略表达，然后选择一个能较好表达速写意图的透视角度。简单、小幅面的速写最好直接落笔，不打铅笔稿；描述对象复杂、大幅面的速写，绘制前可先用铅笔勾画一下透视线，定下几个约束点，这样可以更好地把握形体。建筑和小品的速写不仅可以锻炼工业设计师的速写能力，还能打开视野，面向大的场景，需要更多的控制和提炼能力，也可以充分发挥线条和色彩的魅力。图中每张作品虽然都是小品和习作，但是可以看出其中不乏真实、激情与力量。

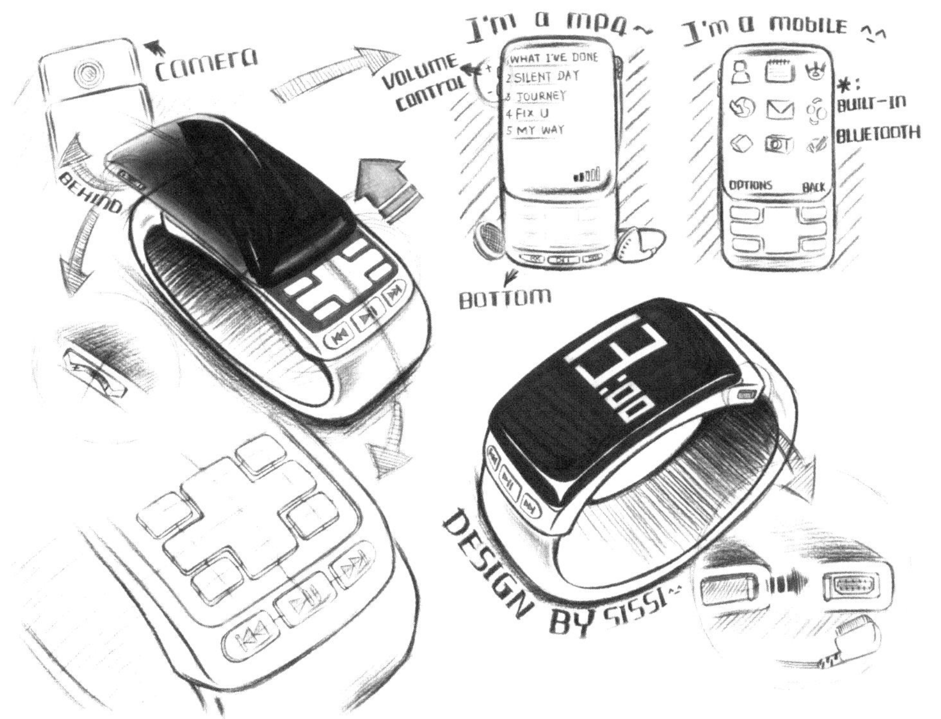

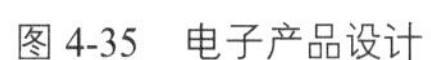

图 4-35　电子产品设计

图为电子产品的概念设计说明图。设计者突出表达了现代电子产品简洁、明快的外观特征，用三维透视图、二维平行投影图并辅以文字、箭头，清晰地说明了预想中这款电子产品的功能和使用方式。设计者的想法完全展开在设计图上，以供进一步研讨和修正，这就是色彩速写的目的所在。

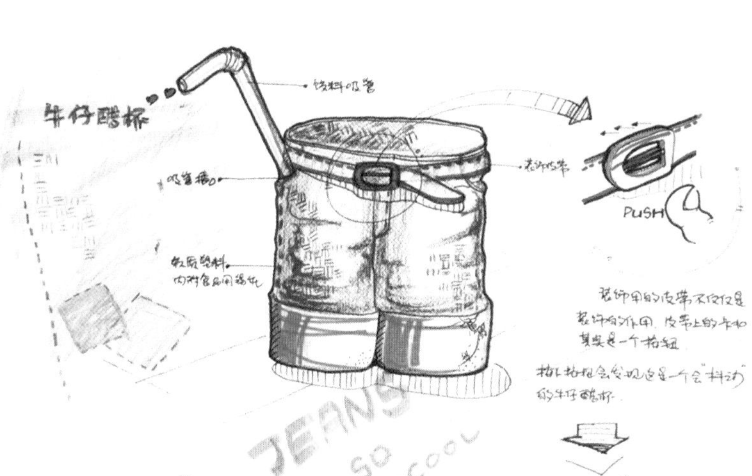

图 4-36　趣味水瓶设计

这是一款专为儿童开发的趣味水瓶概念设计，画面一开始就抓住儿童的心理，运用了很多生动的卡通形象，色彩鲜艳、对比强烈，而且图文并茂，整个画面的表达显得童趣盎然。

图4-37　概念产品设计

从产品的基本概念入手，把功能、特性、使用方式、相关的配套产品在图面上一一展示出来，形成了讨论产品设计的视觉基础。

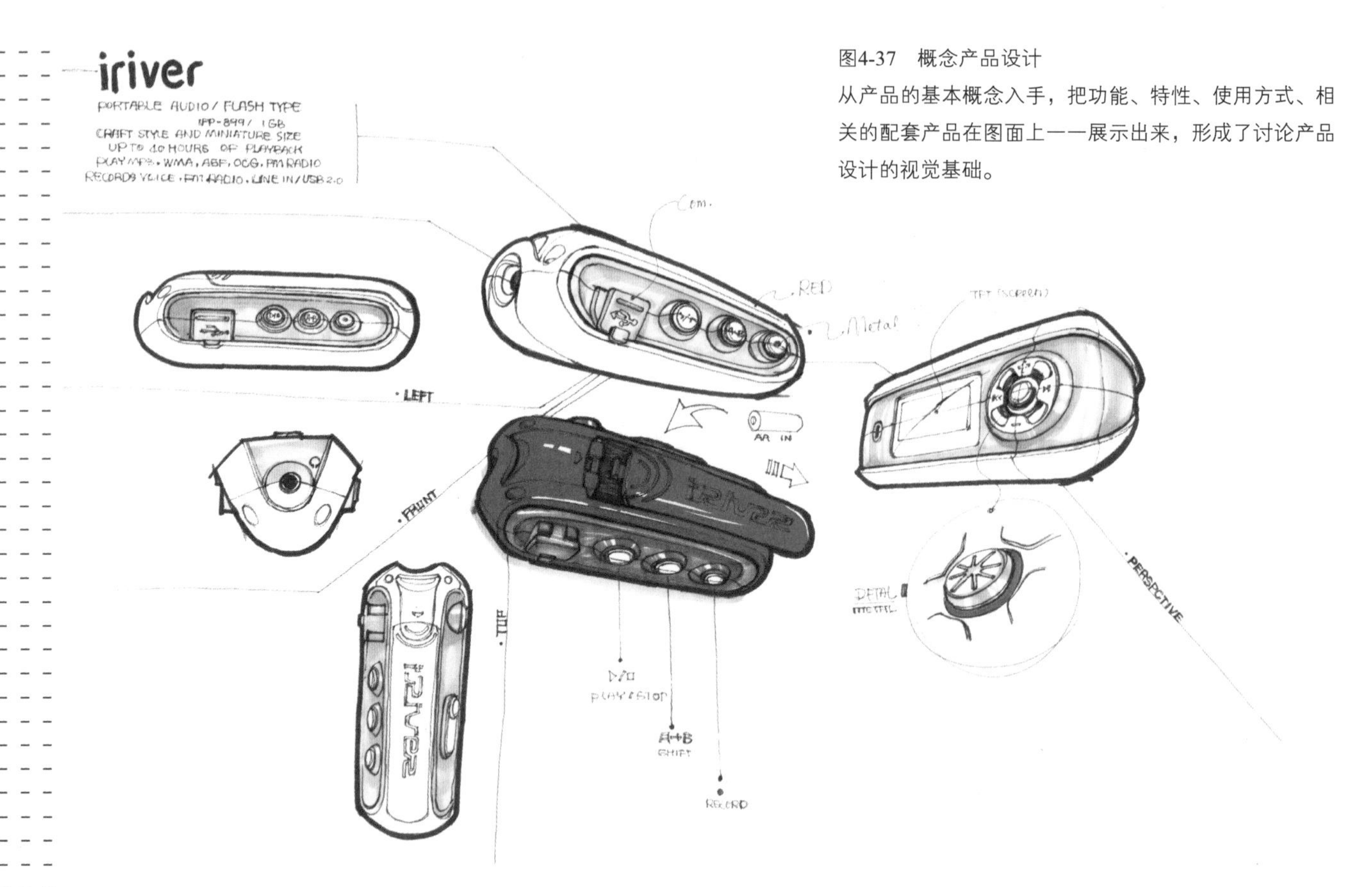

图 4-38　以为产品讲故事的方式介绍产品

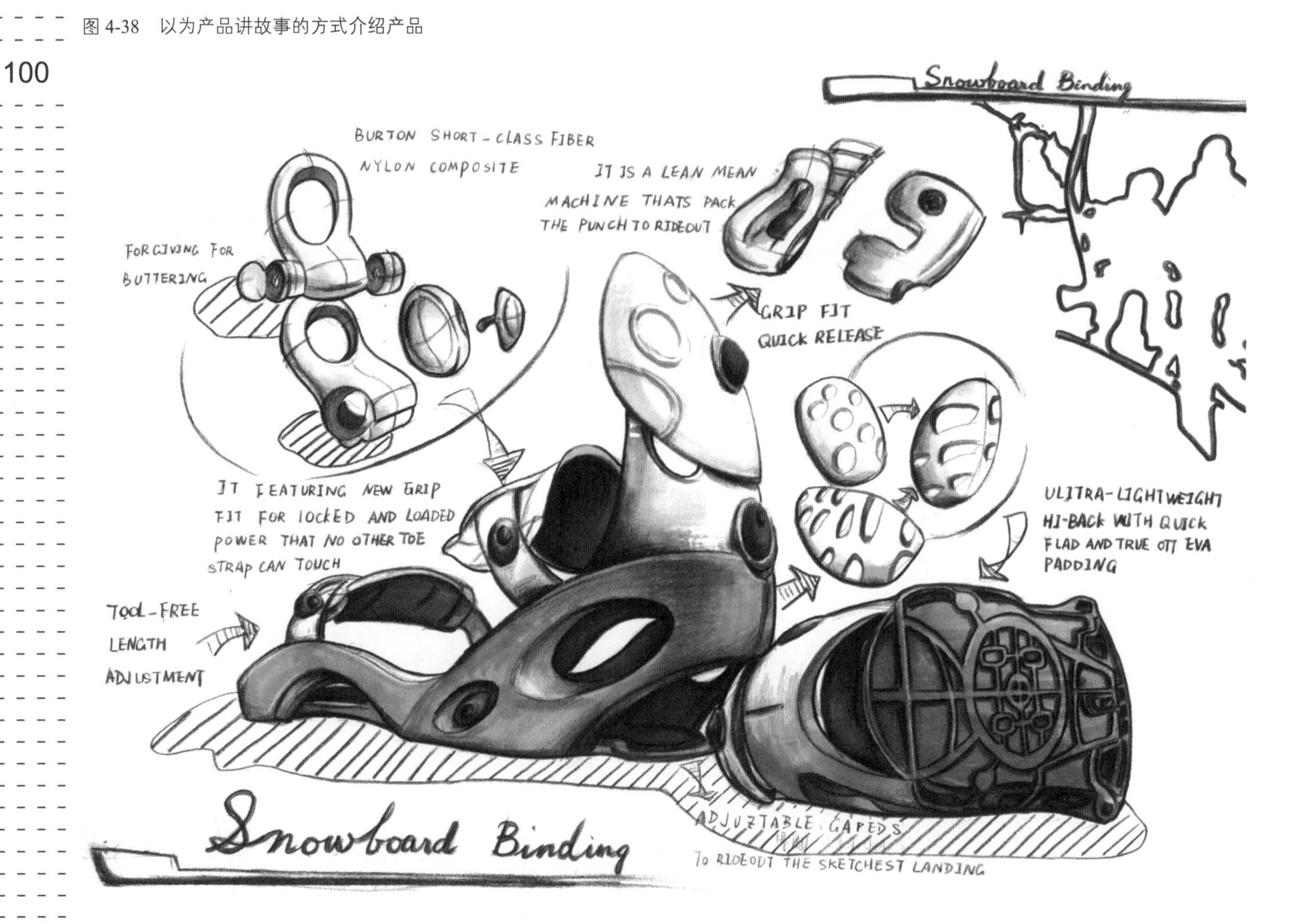

第五章　设计速写应用

设计是一门实践性很强的学科。设计师不仅要系统地学习和研究设计速写及其表现的理论和方法，更要将其运用到实践活动中去。良好的设计速写及表现能力，不仅能够帮助设计师完整快速地表达自己的设计构思和想法，提高工作效率，更能够通过对细节的反复推敲来优化设计方案，提升设计质量。

那么设计速写作为一种重要的设计手段或工具在整个设计流程中是如何发挥其特殊作用的呢？一般来说，设计速写在设计的各个阶段具有不同的功能，其中包括概念表达、形态推敲、细节深入等，其表现效果也同样因其功能的不同而有着各种特殊的要求。本章将对设计速写在设计流程各阶段中的功能和表现效果分别进行探讨。

第一阶段　设计目标确立阶段

在设计项目开始之初，设计师必须先和客户一起在前期调研的基础上确立设计的方向和目标。因需求不同，在实际操作过程中设计目标的确立经常由以下两种方式获得：经过设计师的头脑风暴（Brain Storming），将所得结果进行筛选整理而获得；根据客户的要求进行分析深化而获得。前者多用于概念创新型的项目，后者多用于改良优化型的项目。无论选择哪种类型，在设计目标确立阶段都会大量使用设计速写作为快速表现手段。以改良型项目为例，在项目初期各方必须明确产品定位和基本条件，包括产品的基本组成、使用过程和安装方式、内部元器件和结构要求等，并以此为项目的设计要求和重点。在此过程中，简单的文字描述对于交流具有很大的局限性，经常会出现“说不明白”的情况，应对的主要办法就是绘制大量交流探讨性质的设计草图来补充语言描述的不足，从而有效解决表达沟通不畅的问题。

设计目标确立阶段的设计速写多属于创意概念表达，带有强烈的头脑发散性思考和记录性质，表现形式非常简练甚至有些潦草，常以简单的线描配以简练的文字说明或说明符号。这种形式主要用来记录突发的理念创意、形态雏形、交互模式等，仅仅起到初步交流和设计定位的作用（图5-1）。

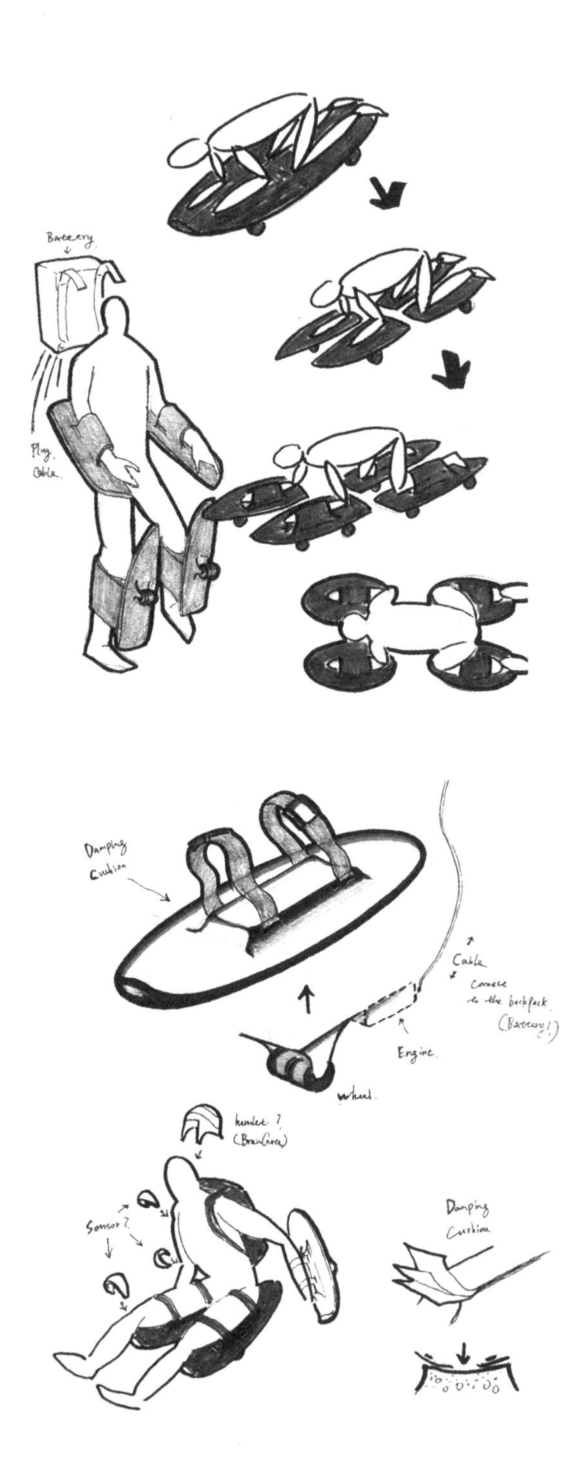

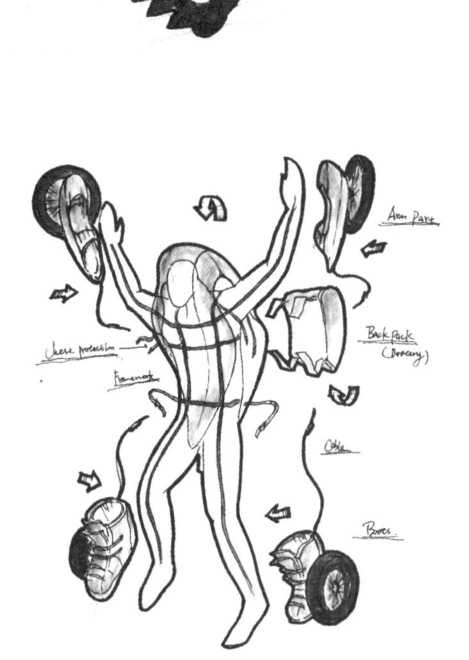

图 5-1　一组设计速写草图

作者：陈嘉林，杭州师范大学。

本组速写草图用于滑雪装备产品的概念设计表达，主要讲述了产品的创新构思。设计师通过图文结合的方式把抽象的设计概念转化成视觉表达，让客户更直观地理解自己的设计思路。可以看出，该组速写表达简练明确，聚焦设计原理的表现，而忽略具体的造型设计或细节表达，是所谓“达意”而“忘形”。

设计目标确立阶段的设计速写对表达效果的精确性要求并不高，因为此时的目标往往只是模糊的设计意向，与最终结果还有很大的差距，过多的描绘或者过多对于细节的追求反而会对后面的设计产生约束或者错误导向。有研究指出，该阶段的概念设计草图应该只由几何形体组成，尽可能避免绘制出产品的具体形态，以防止这些形态对设计概念可能产生的导向性影响（图5-2）。刻意的精心描绘有时反而会让设计师放不开手脚，限制了灵感的迸发。因此，该阶段的草图只要能简单说明问题或简单记录想法概念，便于后期整理归类并制定设计任务书即可。

设计目标确立阶段的设计速写通常具有以下特点：

1）强调设计概念的思维表达。

2）需要图文并茂以加强设计概念表达的完整性。

3）可弱化甚至忽略对设计概念的形体、色彩等细节的描绘。

图 5-2　产品概念草图

产品概念草图由几何形体组成以降低产品形态对设计概念的影响。

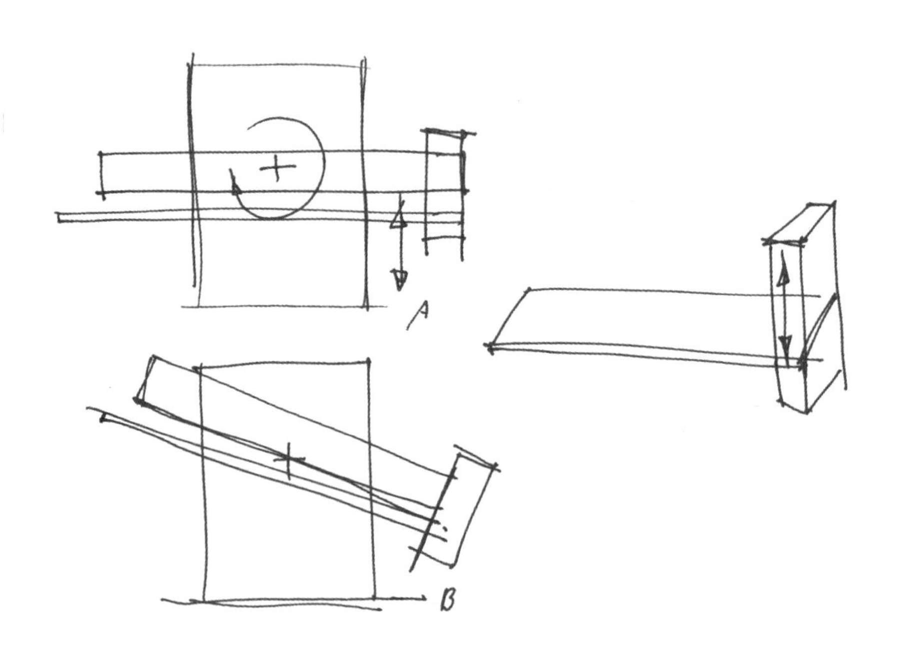

第二阶段　设计展开阶段

在设计方向和目标确立之后，设计师会围绕先前确定的设计任务书（Design Briefing）展开设计，这一阶段称为设计展开阶段。在此阶段，快速设计表现仍然扮演着极其重要的角色，它是设计创意思考表达、推敲、实践、记录和整合的重心。很多设计师都将设计草图视为表达设计思维最直接有效和最激动人心的手段，美国设计师R.富兰克林（James R. Franklin）曾这样描述草图的作用：一面反复绘画草图，同时用一种几乎像佛教禅宗的方式用直觉去领悟用手刚刚画出来的草图中的现实境界。对于我来说，这就是在设计。

在设计展开过程中，设计速写的形式和功能具有多重性：有时作为设计师的记录工具；有时表现为对突如其来的感悟、灵感和联想的勾画；有时是设计师独自探索推敲的工具和载体；有时也是设计师互相交流的媒介和平台。可以说，设计草图能最大限度地快速捕捉设计灵感，表达各种构思创意，高效交流不同想法，是设计过程中反映和表达设计思维，进而赋予产品更高的功能、品质、外观、形式等指标的重要表现手段。

与设计目标确立阶段的概念性表达不同，此阶段的设计速写更注重结构性的表达。其重点是通过对产品形态、形体关系、结构要求、操作方式等方面的思考推敲，确定产品的各种参数和规格，进而将其完整清晰地表达出来，为后阶段的深入设计或交流沟通做好准备（图5-3、图5-4）。也正是因为这些需求，设计展开阶段的设计速写通常具有以下特点：

1）形体表达清晰。

2）强调形体的结构和相互关系。

3）强调比例关系，但不需要精确尺寸。

4）通过不同视角展现产品形态。

5）可能需要展示使用方式或者使用情景等情况的说明。

6）可能需要示例、样品以及文字来辅助说明。

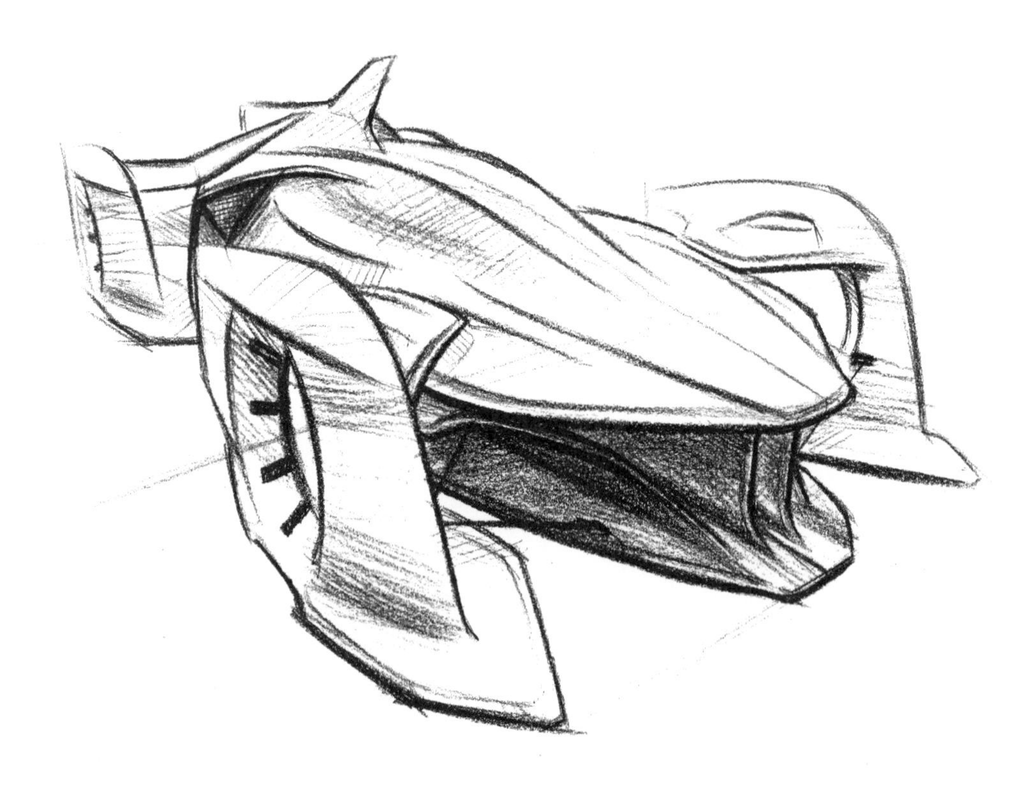

图 5-3　汽车设计草图范例（一）

作者：凌于洲，东华大学。

本组设计速写是针对概念汽车造型的研究而绘制的。可以看到设计师的表现重点在于对车身形体关系的考量和推敲，大量的明暗变化和辅助线的使用都是为了清晰地表现车身造型的形体关系，所以该阶段的设计速写往往是对设计师造型能力、手绘表现能力的综合考验。

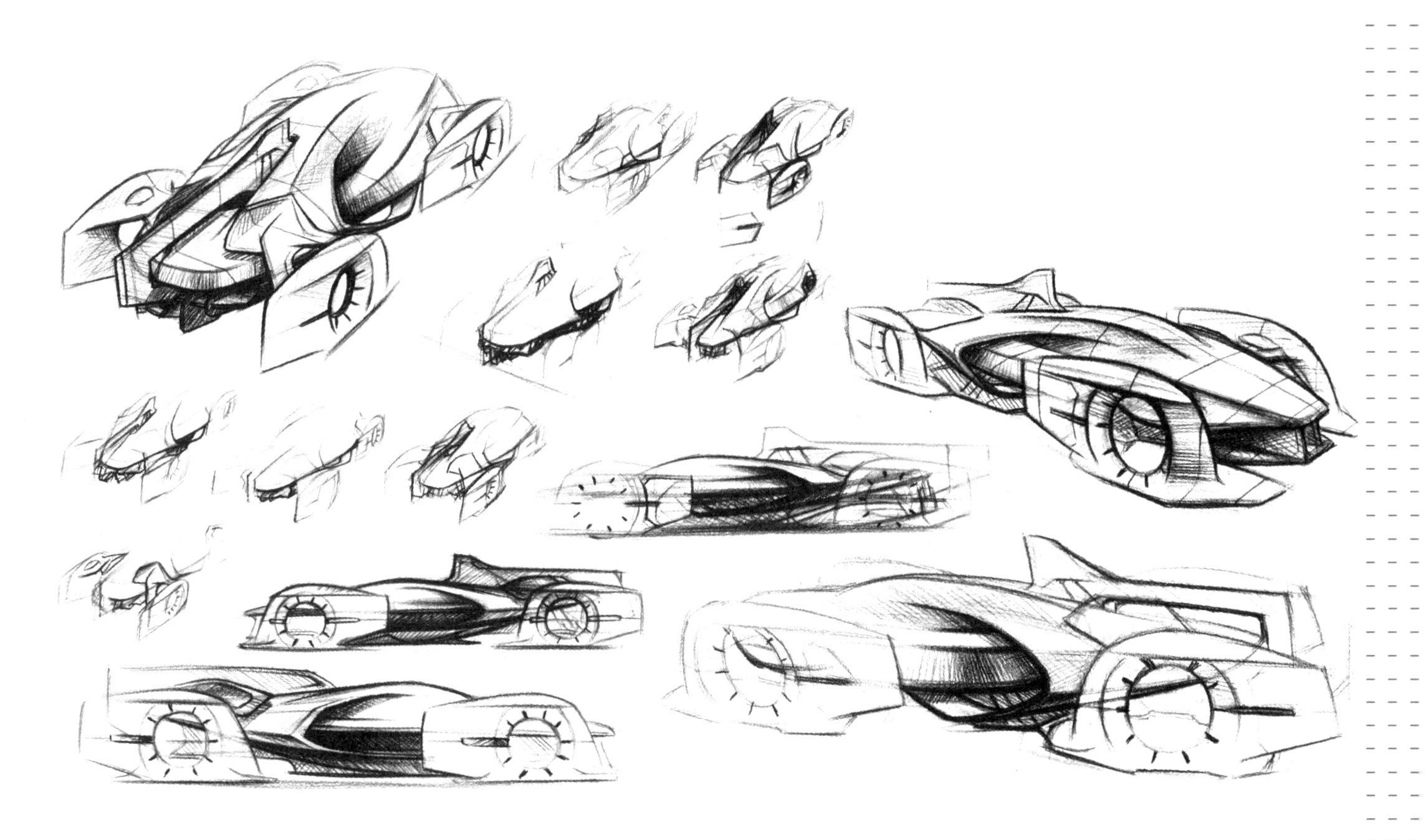

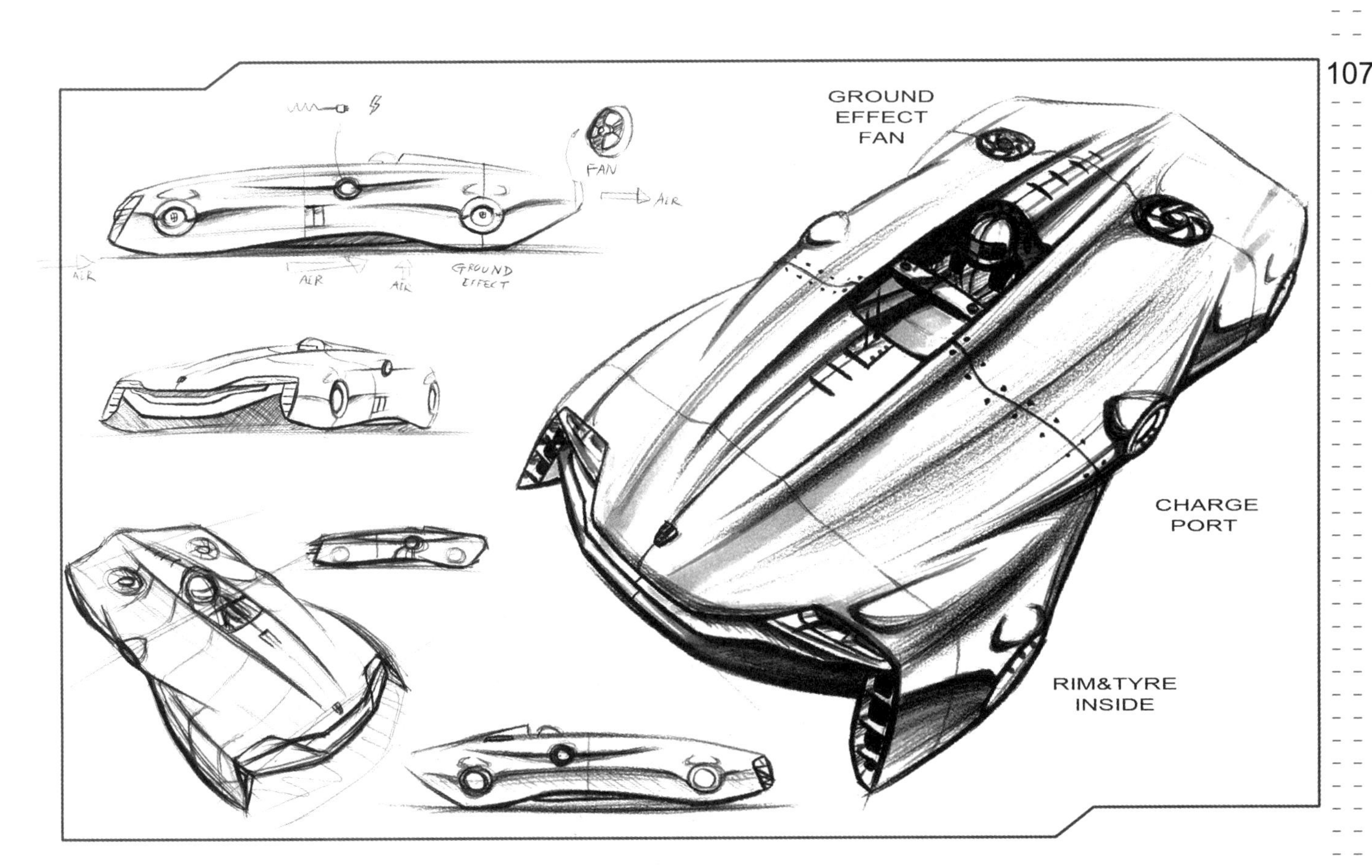

图 5-4　汽车设计草图范例（二）

作者：凌于洲，东华大学。

因设计草图的功能和目的各异，该阶段对于设计速写和设计表现的要求也不同（图5-5）。读者可以根据实际需要，结合本书各章节对于设计速写方法的介绍，选择不同的表现技法和表达形式。

图 5-5　手绘速写结合计算机后期处理的设计草图案例
作者：黄柯铭，东华大学。

需要特别指出的是，随着电子手绘板技术和相关软件开发技术的日益成熟，在很多设计实践过程中，因较高的工作效率和方便后期加工修改的优势，通过绘图软件绘制草图或开展设计正逐渐成为重要的辅助设计手段之一（图5-6）。

图 5-6 手绘板绘制的设计草图案例
作者：娄增，东华大学。

第三阶段　设计构思和设计方案的演示和研讨阶段

在产品设计的过程中，设计表达始终是设计师重要的表达工具，它将无形的设计创意和思想通过可视化的设计语言和方式转化为具体的、直观的、可理解的视觉形象，并通过设计师的“演示”及与其他项目参与者的“研讨”等方式达到与他人交流甚至说服客户或用户的目的。这种针对产品设计的特殊的沟通交流方式，在设计流程的每一个关键节点，即一个设计阶段完成后的设计提报活动中显得尤为重要。在设计提报过程中，设计师必须借助一定的设计表达手段或工具，发表或演示该设计阶段的设计结果，并通过与客户的研讨确定设计的修改和优化意见及后续阶段的设计任务。

由此可见，此时的设计表达和演示作为表达设计概念和方案构思的重要工具，必须带有很强的说服力。优秀的设计表达，不仅能完整清晰地表达出设计师的整个设计思路和意图，更能在视觉上真实地表现出产品最终的外观效果和使用效果，带给客户或用户直观的视觉感受和体验。当然，随着计算机辅助设计技术的成熟，在实际的设计工作中，设计师也会采用计算机渲染效果图的方式来展示产品设计的结果，因篇幅有限，本书对此不作展开介绍。需要指出的是，在某些特殊情况下，比如受到时间或成本的限制或客户需要大量的设计方案的情况下，设计师有时也会以快速表现或手绘效果图的方式来表现最终的设计结果。此时，设计师应尽可能地将设计结果全面完整地表现清楚，必要时还需添加设计方案的不同变化、细节的推敲、使用的过程、技术的参考等关键信息。在设计表达上，通常会采用多视角视图表达，并配合细节说明图和使用说明图辅助演示（图5-7、图5-8）。

设计方案研讨阶段的设计速写通常具有以下特点：

1）设计表达清晰完整。

2）呈现设计方案的不同变化。

3）通过不同视角或局部视图展现产品的形态和细节。

4）需要表现产品的使用过程等。

5）需要尺寸示意图。

6）需要样品以及文字等辅助说明。

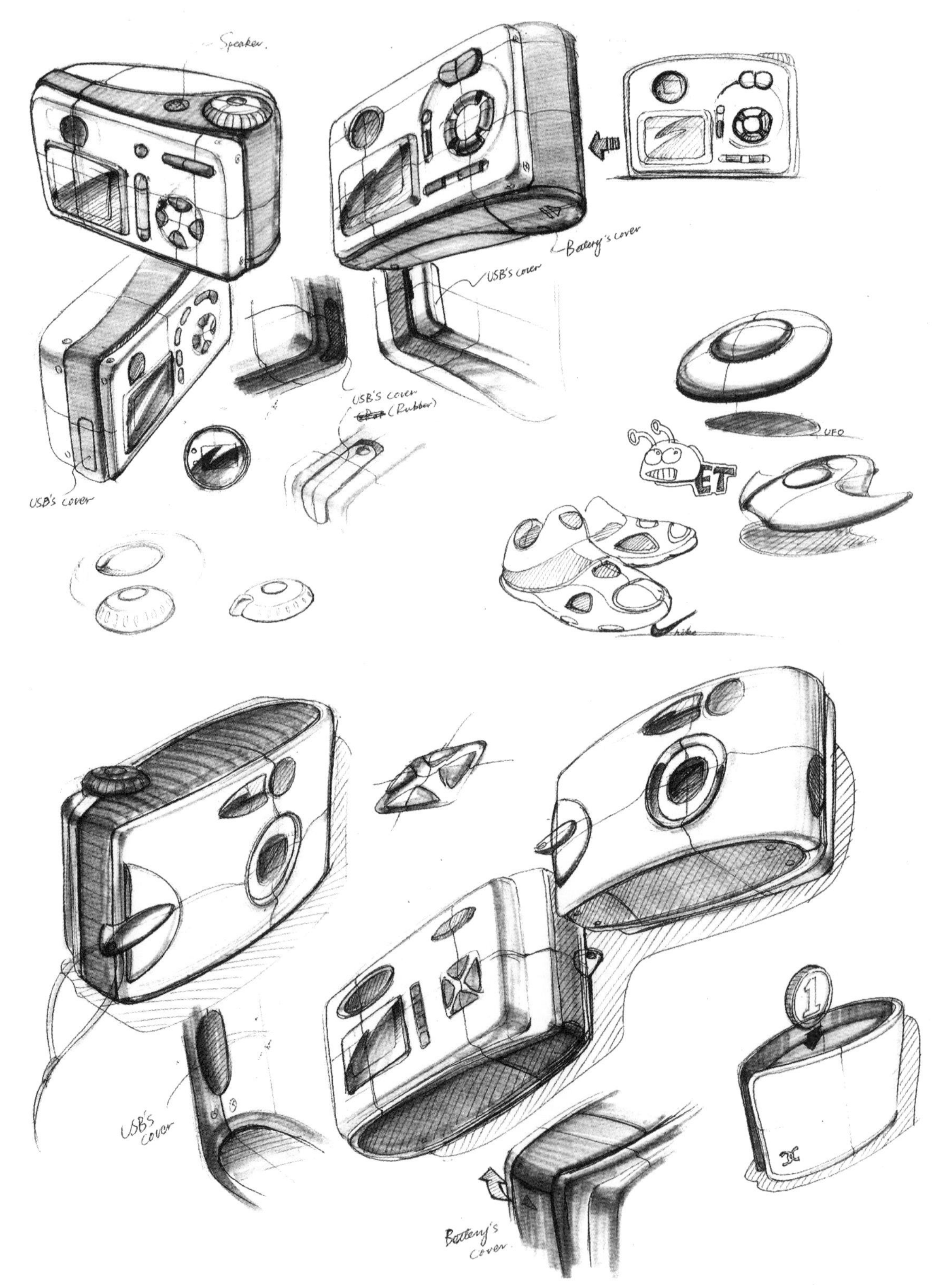

图 5-7 设计表现案例：数码相机设计方案

作者：张帅，浙江工业大学。

本组设计速写是针对数码照相机产品的设计演示而作的。设计师通过对产品多视角的呈现，结合细节的刻画，力求完整清晰地表达出产品的设计思路、造型特征、产品创新点和技术细节等关键要素。此类型的手绘速写在表现效果上虽有一定的局限性，不能像计算机渲染效果图那样逼真地表达产品的造型、色彩以及材质等细节，但这并不妨碍该表现形式的特殊魅力。比如在手机产品设计行业内，很多客户看惯了千篇一律的计算机效果图，产生了一定的审美疲劳，此时手绘速写独有的灵活写意、自然率真且充满人情味的设计表现却能出奇制胜，反而可以赢得客户的青睐。

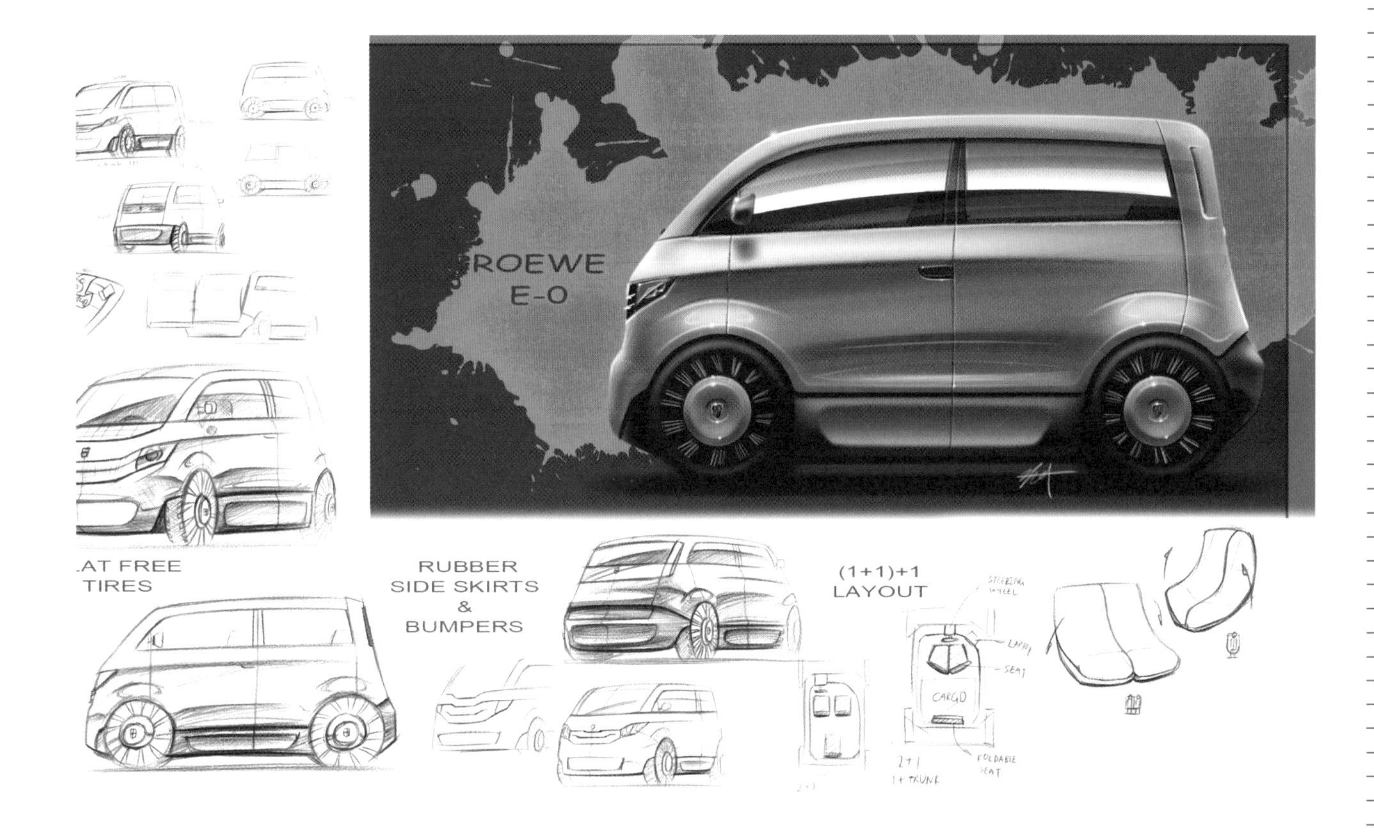

图 5-8　概念汽车方案展示范例

作者：凌于洲，东华大学。

第四阶段　设计细节或工程研讨阶段

在设计后期的工程阶段中，设计师往往会和工程师尤其是结构工程师就生产过程中遇到的工程问题进行大量的沟通和交流，许多设计的细节问题需要通过速写草图进行交流沟通，进而经过推敲和修改实现优化。此时，速写草图就成为了设计师和工程师之间除语言交流外最重要的交流工具。因此，找到一种能被设计师和工程师共同接受和理解的速写绘制方法在此设计阶段就显得尤为重要。

简单来说，该阶段的速写表达要求介于设计速写和工程制图之间，既要简单明了，同时又必须有一定的精确性。绘制的内容主要是对产品设计的局部细节进行描绘和推敲，属于典型的结构性表达。不同于目标确立阶段和设计展开阶段追求视觉、造型方面艺术表现效果的结构性速写，此时的速写草图必须做到严谨细致、清晰明确，对细节的研讨和实际的描绘说明效果才是该阶段关注的首要问题。举例来说，在目标确立阶段通常用不同的颜色来表达产品的色彩、材质效果，而此时的速写通常会使用不同的颜色来表达不同的零件或不同的功能，以达到简单明了、区分明显、避免混淆的目的。甚至在特殊情况下，对于细节的刻画需要略为夸张的表现才能获得准确、清晰的表达效果。

工程研讨阶段的设计速写通常具有以下特点：

1）产品细节表现得清晰完整。

2）通过不同的视角或局部视图来展现产品或零件的细节（图5-9）。

3）需要大量的剖视图和爆炸图（图5-10）。

4）需要尺寸示意图。

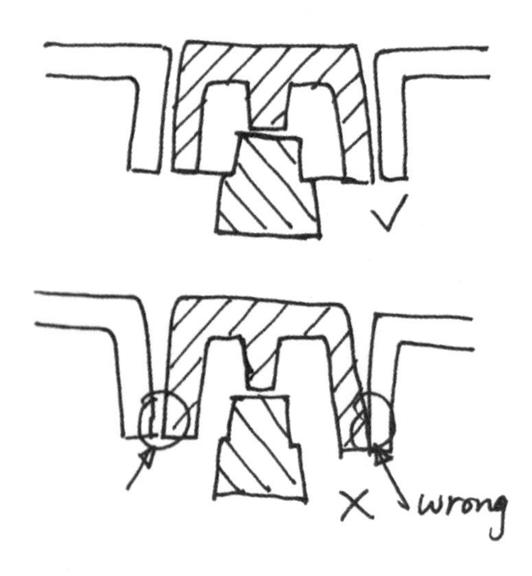

图 5-9　零件结构速写
本组速写是为了表现产品内部零件的结构，力求做到简单明了、清晰明确。

图 5-10　产品零件爆炸图

本组速写是针对医疗检测设备所作的产品零件爆炸图，画面简洁明了，没有多余的修饰刻画，完整清晰地反映了产品内部各零件之间的相对位置和装配关系，同时也表明了相互之间的连接结构等细节。此外，在产品结构方面，诸如壁厚、孔位、卡扣位置等特征也能在爆炸图中得到一定的体现和定义。此类速写图可以让产品设计师与结构工程师双方的沟通交流变得简单高效，如有修改也可以在原有草图的基础上添加标注后直接归档作为之后产品修正的依据和基础。

小结

以上对产品设计流程中各阶段设计速写特征的介绍能让读者对于设计速写在设计实践中的应用有更进一步的理解。当然，对于设计速写的应用，教条地照搬对设计师来说是不可取的。根据产品设计过程和设计进展的实际情况和实际需要来选择合理的速写方式，融会贯通，灵活使用，设计速写才能发挥出它的最大效能。也只有这样，设计速写才能真正成为设计师挥洒创意灵感、展现奇思妙想、雕琢设计梦想的重要工具。

第六章　设计速写作品赏析

第一节　大师作品赏析

对于即将跨入设计界的学生和年轻设计师而言，深入研究优秀设计师的设计思想以及表现方式是学习和成长过程中的必修课。赏析、临摹和学习优秀设计表现作品，不仅能为年轻设计师提供经典范例，避免走不必要的弯路，更能通过分析比较将设计表现从感性认识层面上升到理性理解层面，从而达到质的飞跃。以下为几位以设计表现闻名的优秀设计师的作品和一些在实际教学过程中涌现出来的优秀学生的作品，供读者参考。

·清水吉治（Yoshiharu Shimizu）

清水吉治，1934年生于日本长野县，1959年毕业于金泽美术工艺大学工业美术系工业设计专业，曾就职于富士通株式会社General工业设计部，曾任日本外务省国际协作事业团、日本机械设计中心、岩手大学教育学院、东京工艺大学、拓殖大学工学部、多摩美术大学、神户艺术工科大学、东北艺术工科大学、东洋美术学校等多家企业与院校的特聘或专任教授。

清水吉治的效果图和草图表现特点鲜明，在设计表现领域独树一帜。他的草图用笔简练、线条流畅、疏密有致、对比强烈，即使在计算机作图日益普及的今天，仍然非常值得年轻的学生和设计师仔细研究和学习。清水吉治的效果图可能是早些年我国设计专业学生临摹最多的范例了，可以说我国工业设计表现技法的教学受到了清水吉治手绘技法的深刻影响。以下是清水吉治的部分产品速写作品（图6-1~图6-4），更多手绘技巧和案例请参考清水吉治先生的专著。

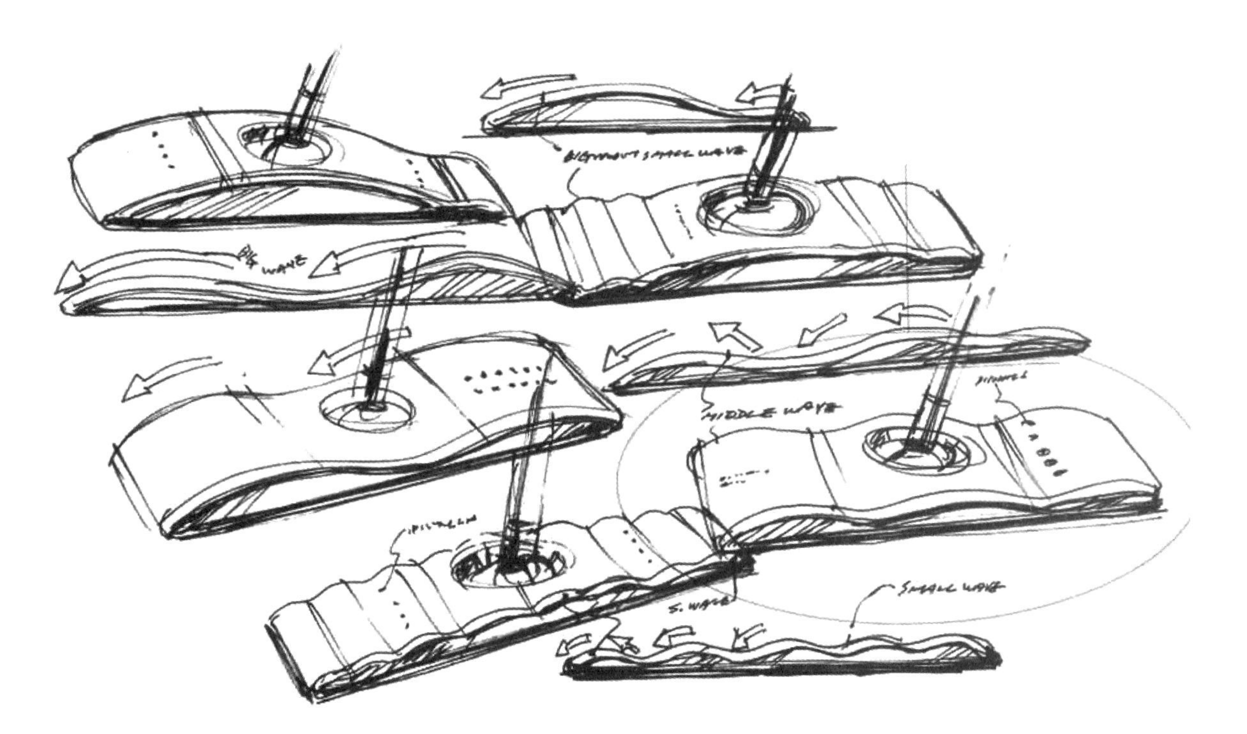

图 6-1　清水吉治作品赏析（一）
本组设计速写用笔大气简练，着重探讨产品形态的多种可能性并通过比较确定设计方案。

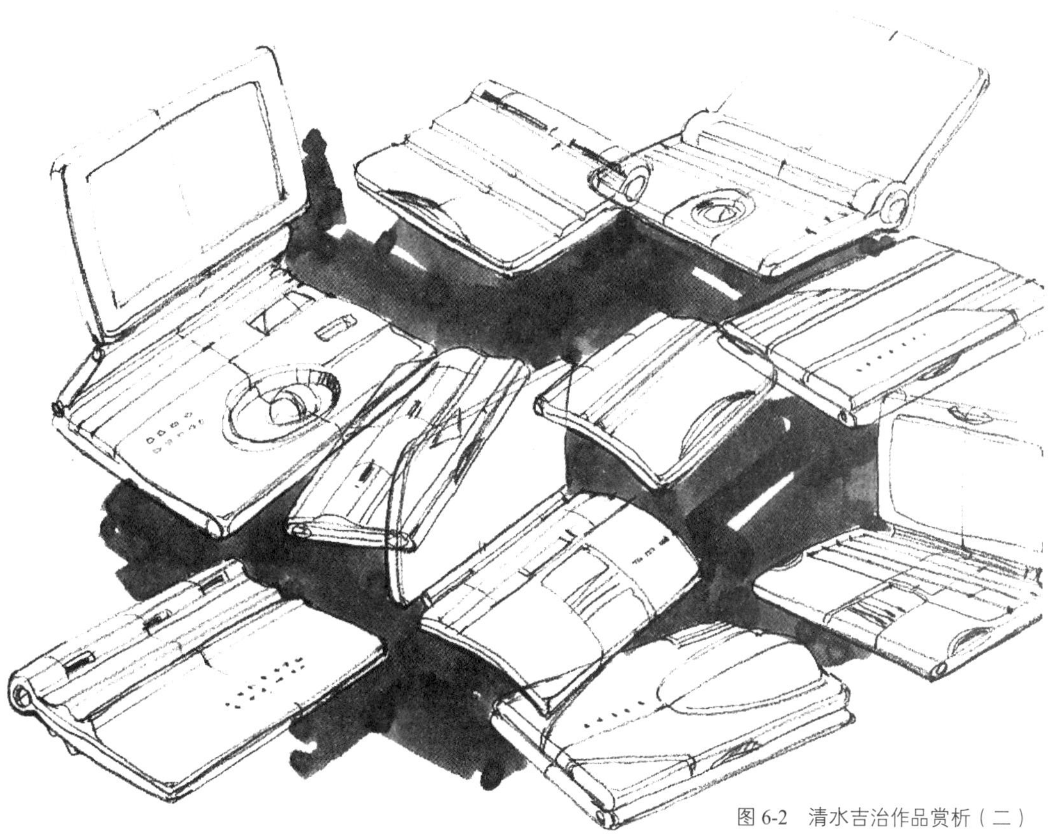

图 6-2　清水吉治作品赏析（二）
本组设计速写是用针管笔配合马克笔绘制设计草图的优秀范例，用笔自然，构图活泼，详略得当。

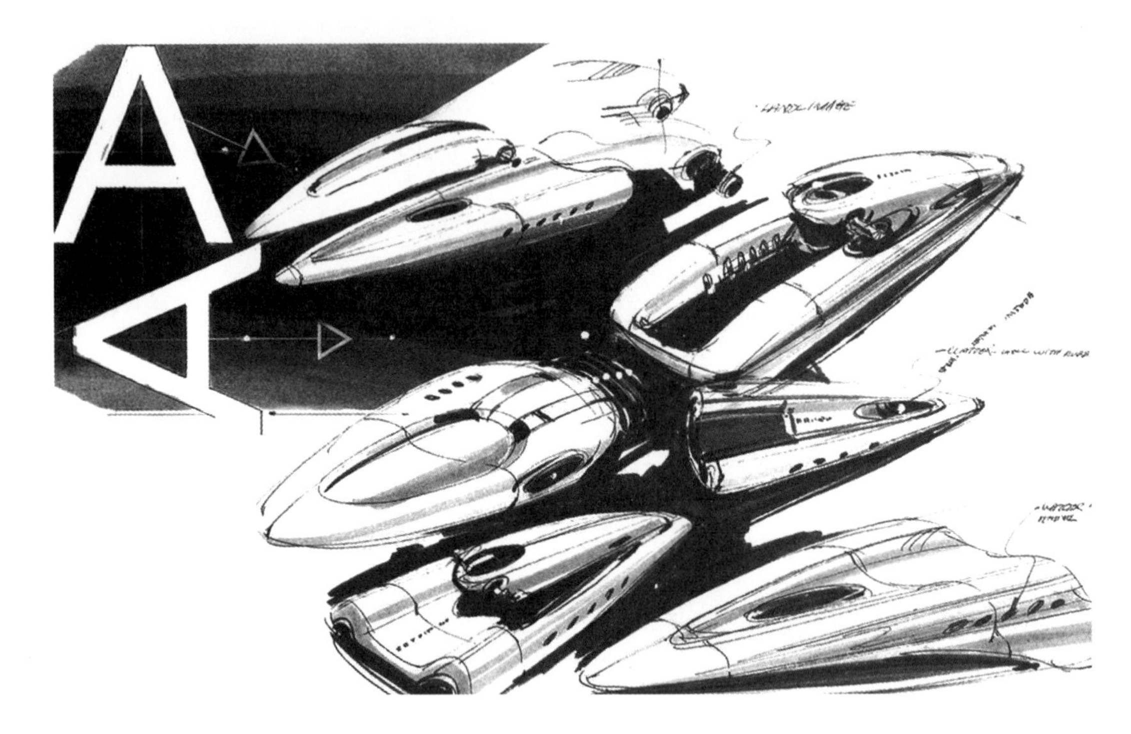

图 6-3　清水吉治作品赏析（三）

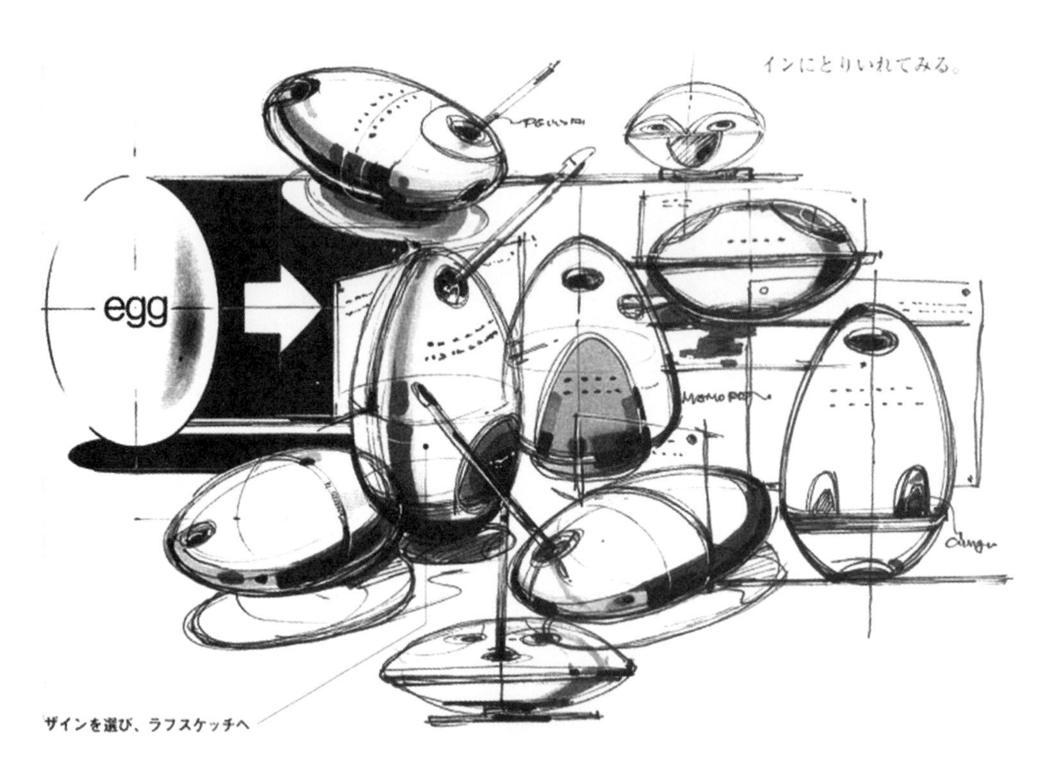

图 6-4　清水吉治作品赏析（四）

· 卢吉 · 科拉尼（Luigi Colani）

卢吉•科拉尼出生于德国柏林，早年在柏林学习雕塑，后到巴黎学习空气动力学，这样的经历使其特别注重造型的流畅性和自然性，他的作品具有典型的空气动力学和仿生学的特点。他的“流线型概念”奠定了其在工业设计领域中的重要地位，可谓是当今最著名的也是最具争议的设计大师，被国际设计界公认为“21世纪的达•芬奇”。

仔细观察科拉尼的设计表现作品，可以发现他的草图笔触老练、线条流畅、形体关系明确，能通过简单的明暗处理表达出形体的内在关系，体现出大师对于流畅性造型和高品质线型的一贯坚持（图6-5、图6-6）。对于年轻设计师来说，诸如对形体的理解和表现、形体的关系和形体之间过渡的推敲一直是设计过程中较难把握的课题，希望读者能通过对科拉尼作品的仔细研究和学习慢慢领会到设计表现的精髓所在。

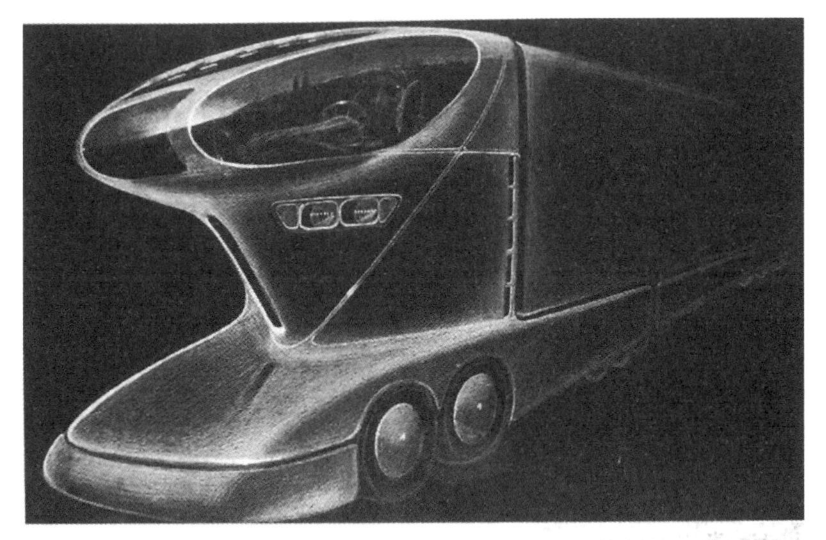

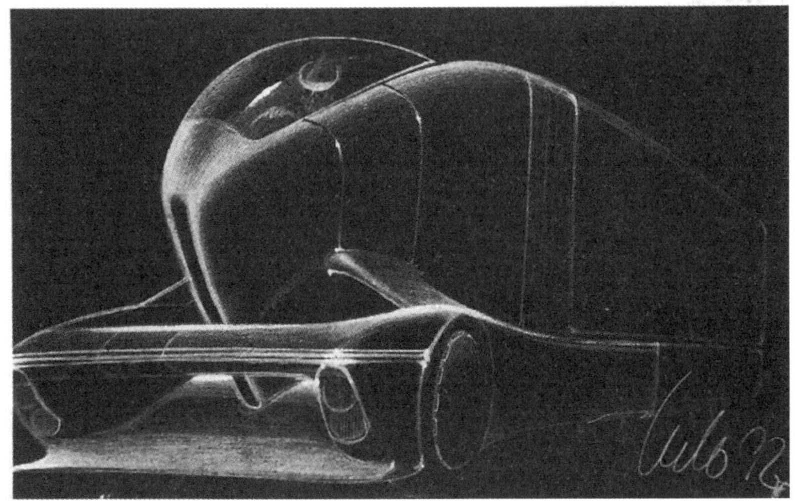

图 6-5　卢吉•科拉尼作品赏析（一）
本组草图是典型的在黑色卡纸上使用白色铅笔绘制的速写表现，通过对高光的强调表现出产品形态的特征和相互之间的关系。

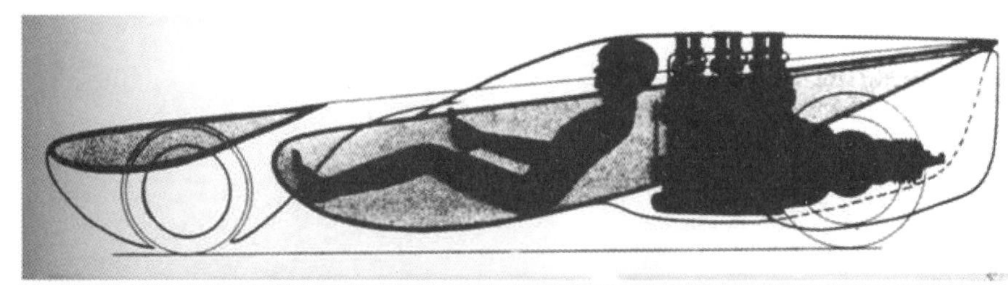

图 6-6　卢吉·科拉尼作品赏析（二）
本组草图是科拉尼针对交通工具所作的设计草图。通过他独有的草图绘制手法，可以看出大师对于曲线的热衷以及对形体推敲的思考过程。

· 刘传凯（Carl Liu）

刘传凯是国际知名的华人设计师，他曾先后在中国台湾和美国研读工业设计专业并长期在美国和中国从事产品设计工作，成绩斐然。其为Compaq、Nike等企业所做的产品设计，不仅在市场上取得了巨大成功并在国际上屡获殊荣，更成为工业设计提升产品价值的经典案例。刘传凯不仅对设计有着深刻的理解，在手绘设计表现领域也有很高的造诣。其手绘表现风格鲜明，严谨不失洒脱，大气不失细节，表现手法清新明快、细腻传神，在国内设计院校中很受推崇。

仔细研究刘传凯的手绘草图，不难发现他的草图有着鲜明的特点：其画法严谨，结构清晰，经常借助辅助线或爆炸图表现形体的相互关系；彩铅与马克笔的结合使得产品明暗清晰，层次丰富；对细节的刻画、强调以及辅助说明使得产品的结构或功能得以完整的表达；结合使用场景或使用习惯配以插图，使得草图表现更加生动活泼，大大增强了说服力。这些表现手法非常值得年轻的设计师学习和借鉴（图6-7、图6-8）。

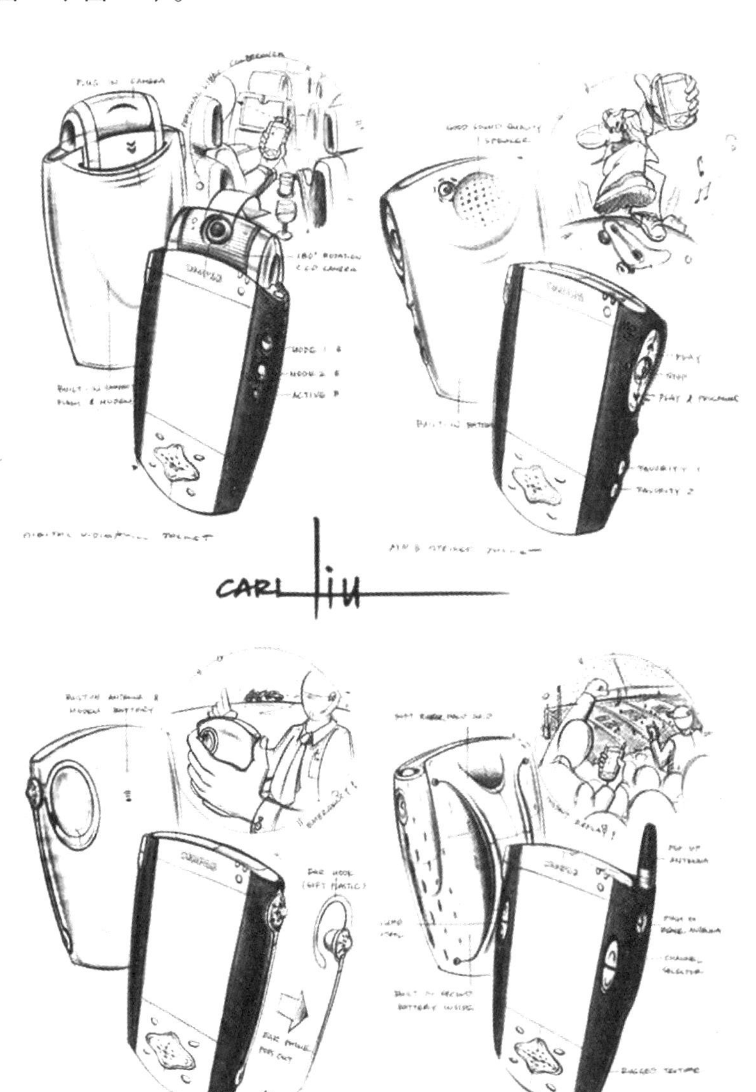

图 6-7　刘传凯作品赏析（一）

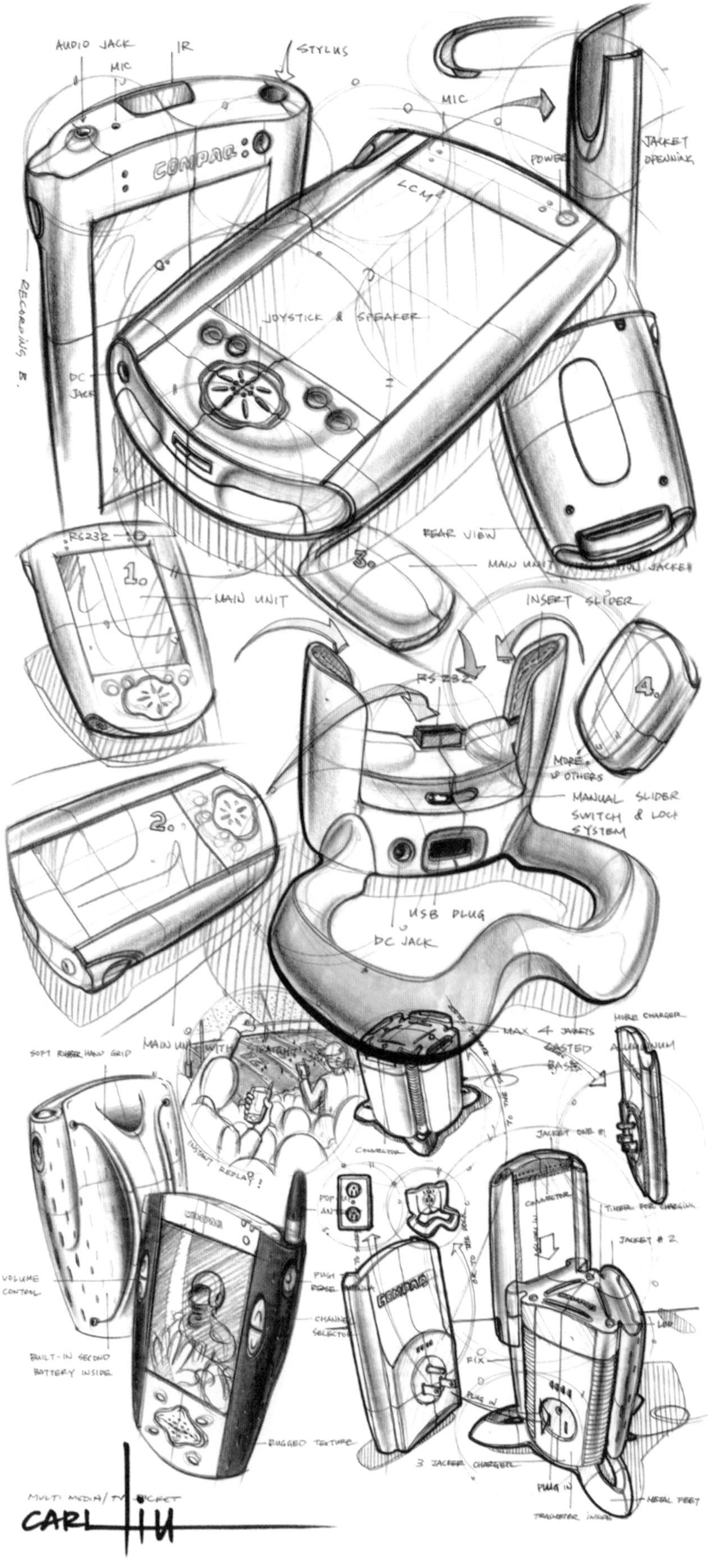

图 6-8　刘传凯作品赏析（二）

第二节　学生作品赏析

以下是笔者近年来在东华大学开设设计速写课程教学过程中部分学生作品的案例介绍，其中既包含了一些值得参考学习的实践经验，也有一些对草图绘制过程中可能出现的典型问题的分析，希望读者能通过这些案例对设计速写有更进一步的认识（图6-9～图6-18）。

图6-9　学生作品赏析（一）

作者：田玉晶，东华大学。

点评：该作品采用较为普遍的上下构图形式，上部为产品效果图，下部为产品使用过程、使用环境、结构细节等表达图。

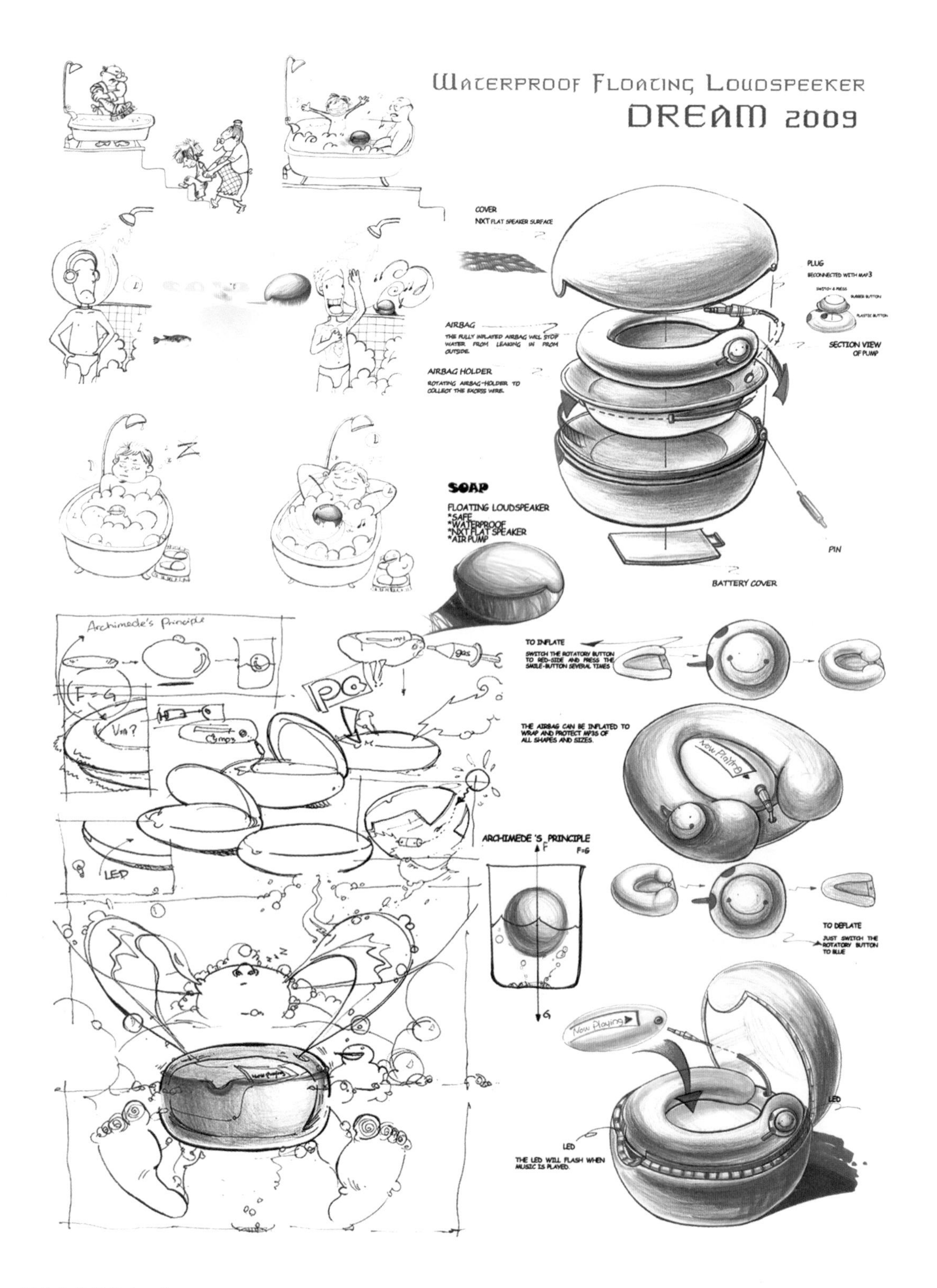

图 6-10 学生作品赏析（二）

作者：郝辰，东华大学。

点评：故事情节叙述式的草图对概念的推敲和表达具有独特的作用和表现力，作品清新活泼、感染力强。构图方面的主次关系问题是其不足之处。

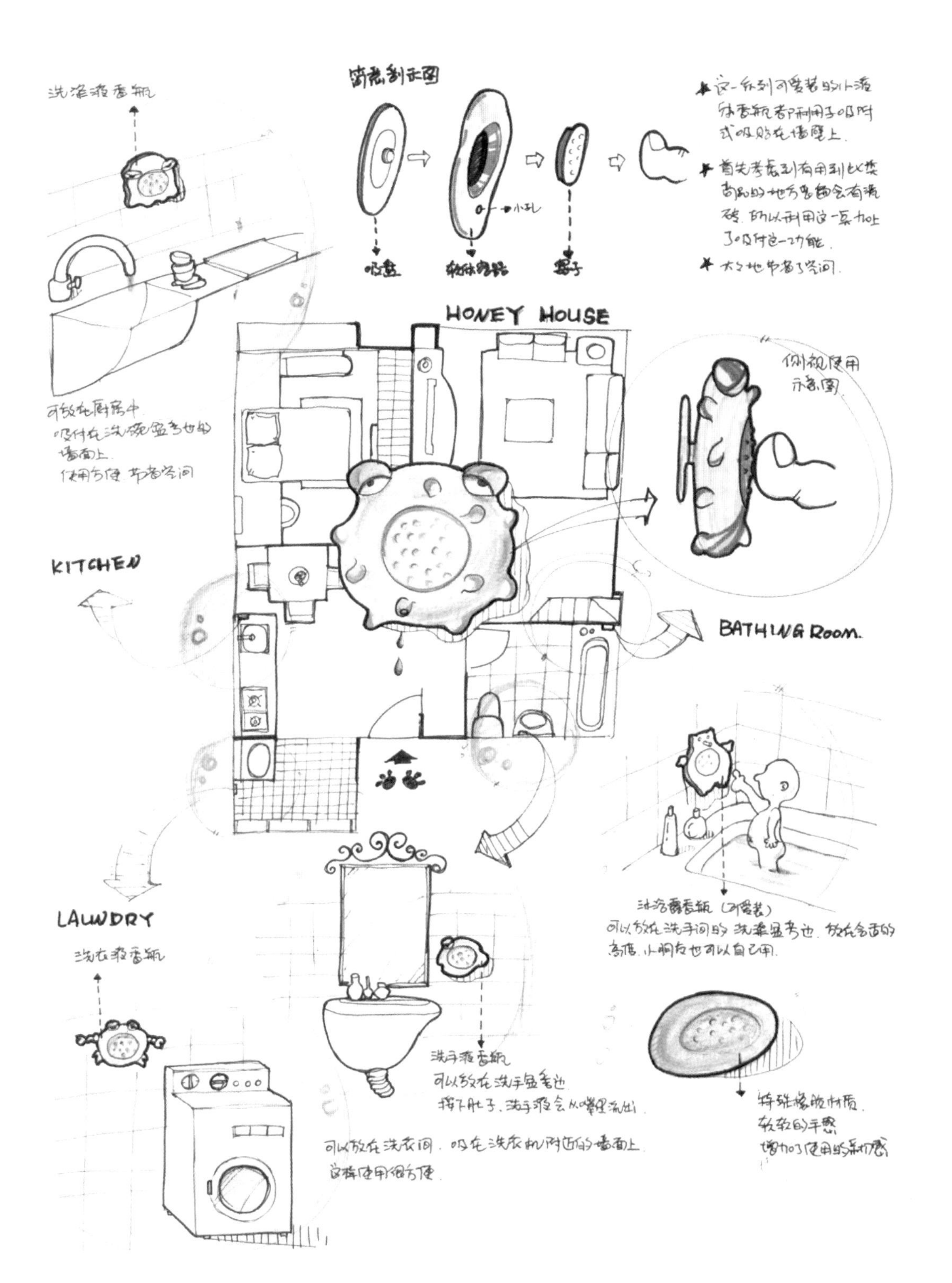

图 6-11　学生作品赏析（三）

作者：佚名，东华大学。

点评：本组草图把产品的使用情节结合到产品设计的推敲过程中，风格鲜明，表现力强，与产品本身的定位也很吻合，不失为一件优秀的设计速写作品。

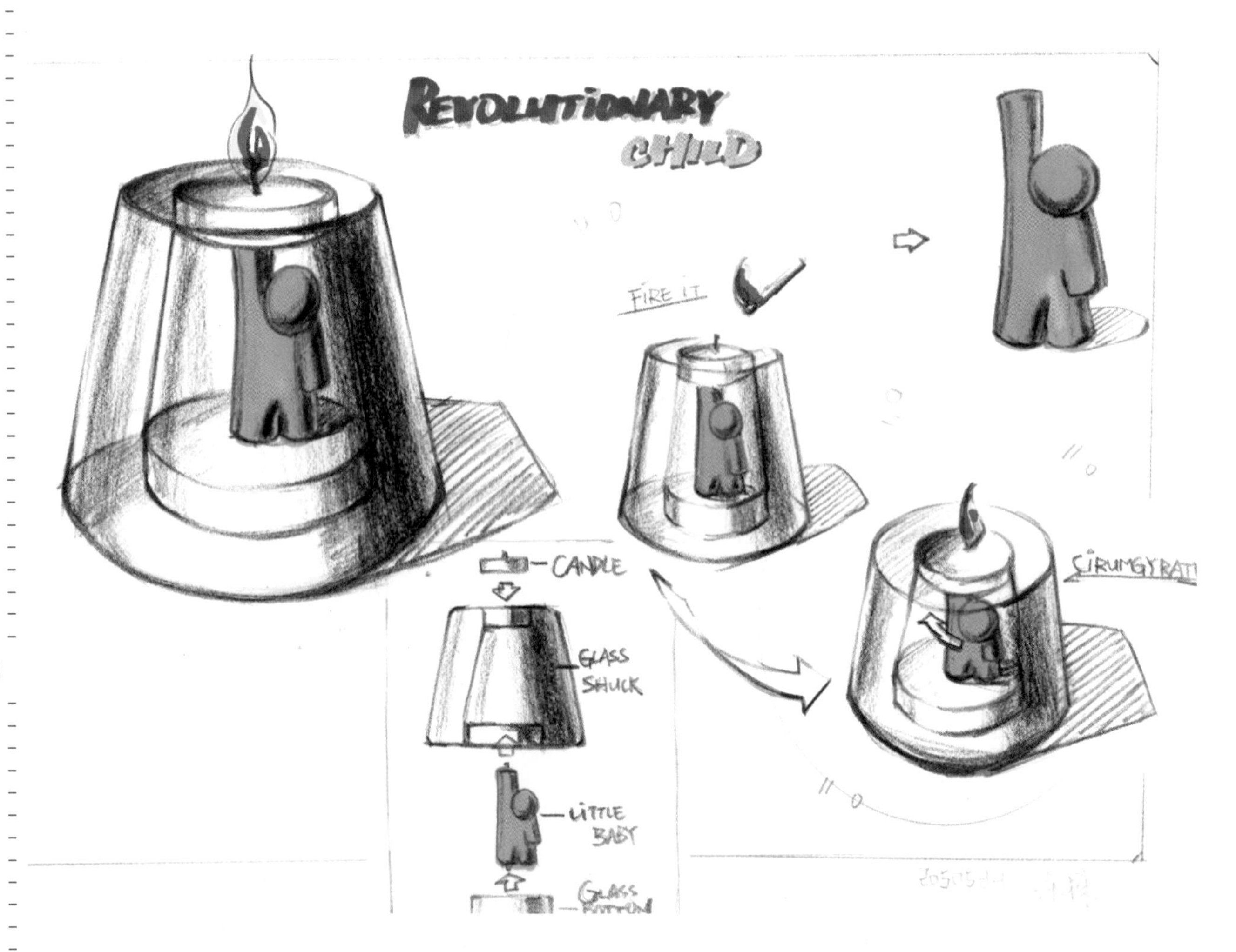

126

图 6-12　学生作品赏析（四）
作者：徐栋，东华大学。
点评：作者针对家居产品注重情感体验的特点，用了生动活泼的速写表达手法，简明扼要的勾绘把产品的设计概念、产品构成、色彩材质等设计要素表达得清晰明确，从而达到引人入胜的表现效果。

图 6-13　学生作品赏析（五）

作者：凌于洲，东华大学。

点评：作品用笔流畅，主次清晰，详略得当，通过不同视角来全面展现设计构思，表现到位。只是透视关系略有不足，这是设计速写过程中经常出现并需要重视的问题。

图 6-14　学生作品赏析（六）

作者：董欣元，东华大学。

点评：作品风格鲜明、独具特色，令人眼前一亮。但画面中仅绘制了产品的效果图，表现形式略显单一，可适当添加结构图、流程图等以丰富作品。

图 6-15　学生作品赏析（七）

作者：孙博，东华大学。

点评：作品用色饱满，笔触动感有力，整幅画面充满了张力。但构图略显凌乱，主次关系不明，在设计速写表现的初期就应该考虑到构图方面的问题。

图 6-16　学生作品赏析（八）

作者：杨邱迪，东华大学。

点评：作品用色大胆，主次关系明晰，细节刻画得当。但笔触略显生硬，局部过于拥挤，整体显得有些凌乱。

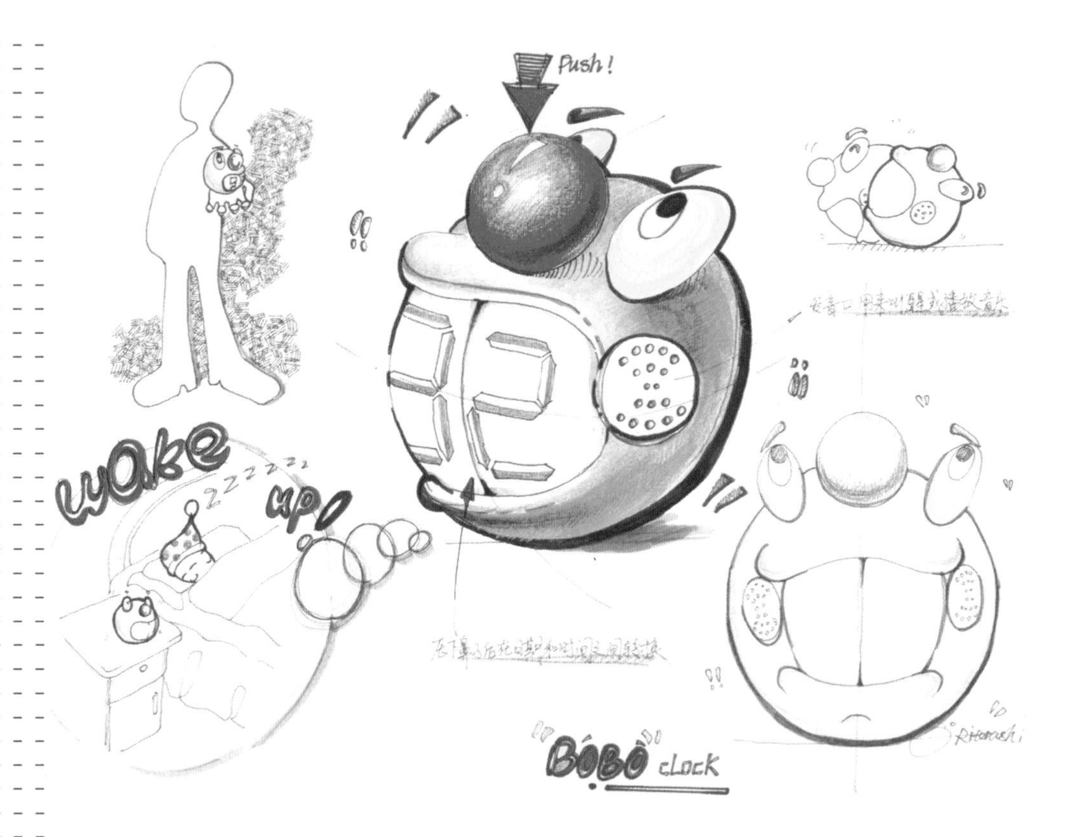

图 6-17　学生作品赏析（九）

作者：李赫，东华大学。

点评：画面具有动感，使用场景的描绘使产品表现得更加生动。

参考文献

[1] 清水吉治. 产品设计草图 [M]. 张福昌，译.北京：清华大学出版社，2011.

[2] 刘传凯，张英惠. 产品创意设计 [M]. 北京：中国青年出版社，2005.